U0251033

成功　尹仑◎著

可持续性分析

西南山地社会生态系统

我有旨蓄亦以御冬

知识产权出版社

全国百佳图书出版单位
——北京——

图书在版编目（CIP）数据

我有旨蓄亦以御冬：西南山地社会生态系统可持续性分析/成功，尹仑著 . —北京：知识产权出版社，2021.09

ISBN 978-7-5130-7655-5

Ⅰ.①我… Ⅱ.①成… ②尹… Ⅲ.①山地—区域生态环境—可持续性发展—研究—西南地区 Ⅳ.①X321.27

中国版本图书馆 CIP 数据核字（2021）第 160836 号

责任编辑：高　超　　　　　　　责任校对：谷　洋
封面设计：张　冀　　　　　　　责任印制：刘译文

我有旨蓄亦以御冬

西南山地社会生态系统可持续性分析

成功　尹仑　著

出版发行：	知识产权出版社 有限责任公司	网　址：	http://www.ipph.cn
社　址：	北京市海淀区气象路 50 号院	邮　编：	100081
责编电话：	010-82000860 转 8383	责编邮箱：	morninghere@126.com
发行电话：	010-82000860 转 8101/8102	发行传真：	010-82000893/82005070/82000270
印　刷：	三河市国英印务有限公司	经　销：	各大网上书店、新华书店及相关专业书店
开　本：	720mm×1000mm　1/16	印　张：	10.5
版　次：	2021 年 9 月第 1 版	印　次：	2021 年 9 月第 1 次印刷
字　数：	130 千字	定　价：	58.00 元

ISBN 978-7-5130-7655-5

《我有旨蓄亦以御冬：西南山地社会生态系统可持续性分析》编委会

▍负责人：

成　功：中国民族地区环境资源保护研究所副所长

尹　仑：西南林业大学西南生态文明研究中心研究员

▍专家组：

杨立新：中国科学院昆明植物研究所/云南省生物多样性和传统知识研究会副研究员

陈俊元：北京元造永续设计咨询有限公司首席设计师/荷兰海牙皇家艺术学院系统设计硕士生导师

黄绍文：红河学院民族文化遗产研究中心主任

何　亮：国家气象中心工程师

林燕梅：阳光学院法律系教授

▍项目助理：

刘晓达：云南省生物多样性和传统知识研究会

杨兴媛：中国民族地区环境资源保护研究所

张　宇：中国民族地区环境资源保护研究所

闻　苊：中国民族地区环境资源保护研究所

出版资金项目

1. 生态环境部生物多样性调查、观测和评估项目（2019—2023 年）；Project supported by the Biodiversity Investigation, Observation and Assessment Program of Ministry of Ecology and Environment of China（2019—2023）。

2. 中央民族大学双一流生态学学科，YLDXXK201819。

前　言

　　气候变化是威胁人类生存的危机之一，这种危机促使人们开始反思。伴随着科学、技术、经济、信息的快速发展，世界人口屡创新高，粮食产量也稳中有升，然而，为何在大多数人都以前所未有的热情拥抱现代性的时候，人类距离物种灭绝却如此之近？

　　我们必须停下脚步，稍作思考，人类的未来在哪里？1918 年 11 月 7 日，年过六旬、目睹世事艰难的梁济，突然向自己当时 25 岁的儿子、北京大学哲学系讲师梁漱溟，提出了一个问题："这个世界会好吗？"梁漱溟当时乐观地认为，世界正在不断地进步，也相信一天比一天强。然而数日后，梁济在积水潭投水自尽。于是，这个问题伴随了梁漱溟一生，以至于他晚年的口述回忆录起名为《这个世界会好吗：梁漱溟晚年口述》。

　　100 年过去了，这个问题仍然需要我们认真面对。甚至在生物多样性急遽丧失、环境污染、人口暴增、金融动荡、气候变化的当代，兴许我们更应该问的是："这个世界可持续吗？"

　　乐观的人还是一如既往地相信技术可以解决所有问题，如果技术不能解决的，时间可以解决。悲观的人却深信人类已经到了病入膏肓的地步，任何努力都已经于事无补。不过大多数人会对这样的问题置之不理，而更关心自己能否比邻居多赚一些钱。

对社会生态系统的可持续性研究已经引起世界多国的科学家、历史学家、社会学家、经济学家、法学家的长期关注。这样的研究分为自上而下和自下而上两种进路：一种是从理论出发，根据已知的规律性，结合具体的处境，分析推演出一个社会生态系统的可持续性；另一种是从实践出发，扎根于那些历经考验的传统社区，思考这些社区是如何适应不断变化的外部条件，在维持自身独特性的同时，保持弹韧性的。

本书选择自下而上的研究进路。通过对社区层面的实地田野调查，研究社区如何以这些传统知识为支撑来应对气候变化的干扰，维持其社会生态系统的可持续性，并发展出各具特色的文化多样性。

中国人口地理以胡焕庸线为界，西北部大多是少数民族居住的地区，东南部以汉族为主，而西南部少数民族地区正处在胡焕庸线两侧，既是生态敏感区，又是少数民族杂居区，还是农牧业交错带。同时，这条人口地理分界线与400毫米降水线有较高的重合度，故成为气候变化影响的显著地带。20世纪90年代后，气候变化引起了更多人类学家和民族学家的关注。随着气候问题的显著呈现，尤其是极端气候事件对少数民族地区的生态环境及当地人的传统生活、生计影响的深入，气候变化与传统知识的相关研究逐渐被更多的生态学者所重视。民族生态学作为一门新兴的交叉学科，开始进行应对气候变化的传统知识的初步研究。

中国少数民族地区多为气候变化剧烈、地理环境恶劣、交通和通信等基本设施不完备的高原或丘陵地区，拥有生态敏感以及环境脆弱的社会生态系统。在此环境下，少数民族通过世世代代的生产、生活和对环境及气候的因应、观察，积累了丰富的与气候相关的传统知识，这些知识是少数民族对生物与环境变化的长时序观察累积而得，是世代少数民族的智慧结晶，是少数民族地区珍贵的区域气候及气候变化信息的来源。此外，为了减缓与适应当下和未来的气候变化以及极端气候所带来的负面影响，少数民族有着基于传统知识的应对策略。

　　本书针对相关理论、国际研究和国内案例进行了充分的前期调查，发现不同的地方居民与地方社区（Indigenous and Local Communities，ILCs）对气候变化的观察、理解及适应、应对等均不相同，因此他们用来减缓气候变化负面影响的方式以及适应气候变化的能力也不同。尹仑等学者❶以云南省西北部德钦县藏民族为具体案例，就藏族传统知识的适应和应对进行了一系列研究及实践活动。在"藏族对气候变化的认知与应对"研究中，以典型案例形式阐述了藏民对气候的认识，明确了气候变化存在以本土认知为基础的衡量指标，并基于传统知识传承和发展来分析当地如何应对气候变化活动，呈现出地方性传统知识在应对全球气候变化现象中的价值和作用。让·塞里克和安加·必格在其《原住民与气候变化》一文❷中详细论述了分别生活在极地、山地、沙漠、热带雨林、岛屿、温带地区的民族是如何观察、理解并适应气候变化的，提出对传统知识的考究有助于政府相关部门制定气候政策，具有一定的参考意义和借鉴价值。尼永（Nyong）等分析了非洲荒漠草原上的"原住民族"如何利用传统知识制定适应及减缓气候变化策略，指出缓解和适应气候变化的问题在当地并不是一个全新的理念，很早之前当地农民就运用传统知识发展了一些方法来减少气候变化影响的脆弱性。在另一些研究案例中，也有关于运用传统知识来应对诸如干旱、沙漠化或者洪灾这样的短期极端气候灾害的介绍。可见，土著与地方社区或少数民族群体不仅是气候变化的观察者，而且有自己特定的诠释，并积极运用相关传统知识来应对，缓解气候变化对其自身造成的影

---

　　❶ 尹仑. 藏族对气候变化的认知与应对：云南省德钦县果念行政村的考察［J］. 思想战线，2011（4）：24-28.

　　❷ SALICK J, BYG A. Indigenous peoples and climate change［EB/OL］.（2014-02-11）. http：//doc88. com.

响。除了以上的学术理论研究，在传统知识应对气候变化的实践方面，一些政府组织、机构及非政府组织分别开展了相关的活动。2008—2009 年，联合国开发计划署和亚太政府间合作研究网络支持中国学者开展了"云南滇西北半农半牧地区气候变化与传统知识"和"云南东喜马拉雅地区气候变化与传统生计"项目研究，以提高少数民族对气候变化的认识，增强其适应性，同时促进社会各界对气候变化与传统知识的认识和重视。2011—2012 年，美国大自然保护协会（The Nature Conservancy，TNC）在中国也开展了相应的实践研究，分别在内蒙古、云南等地收集了传统知识应对气候变化的经验和实用方法，并在中国其他地区进行了推广。

西南少数民族地区在中国具有代表性，存在着各种生态系统和文化方式，可以在一个比较小的尺度上研究具有代表性的少数民族社会生态系统，从而将这样的研究方法和工具拓展到更广阔的范围。西南少数民族地区应对气候变化的传统知识研究的重要性在于西南地区是中国生物多样性和文化多样性的集中地，也是少数民族数量最多、少数民族特色最显著的区域。如果当地采用工业社会的方式来回应气候变化的挑战，以搬迁或进城务工等策略来消极逃避，将造成不可逆转的损失。

我国西南少数民族地区由于历史原因和地理条件，不仅经济欠发达，而且生态敏感、环境脆弱，更是气候变化影响的显著地带，故极端天气频发对该地区造成的生态破坏和社区压力将直接对当地人的生计产生影响。农村社区基于传统知识，采用自下而上的自组织模式，以风险最小化原则应对气候变化造成的生态破坏，形成了可持续发展的生计 R 策略。因此，总结已有的应对气候变化的传统知识与成功案例，对提升社区的恢复力和可持续性具有重要意义。

云贵高原是中国的贫困地区，而少数民族地区是其中更贫困的区域。据国家统计，2015 年，云南省的人均 GDP 为 29100 元，贵州省为 29939 元，在全国排名分别是倒数第 2 和倒数第 3。鉴于云南省在烟草、贵州省在白酒领域的产值所占比例较大，但相关分配不能惠及大众，上述数字不能充分反映云贵高原的贫困程度。

连续多年的气候变化，包括旱灾和极端天气的增加，使云贵少数民族地区的贫困问题更是雪上加霜，而且其他地区所采用的应对方案对云贵高原未必适合。已有的研究显示，只有基于当地少数民族传统知识，结合适应性的应对策略，才可能在气候变化的背景下，加强少数民族社区的恢复力，保障其社会生态系统的可持续性。

因此，本书选取滇西北藏族地区农牧间作的高原峡谷社会生态系统和贵州西部、云南东部苗族地区粗放农业的丘陵山地社会生态系统的典型传统知识，基于已有的调查研究，开展了具有针对性的实地调查，特别是收集和梳理了应对气候变化造成的极端气候现象的传统知识，为中国农村社区和发展中国家应对气候变化提供思路和方法，促进政府、研究人员和公众对少数民族地区传统知识的理解和重视，通过与科学知识结合，探索适应气候变化的创新和实践。同时，为政府相关部门和其他南方国家开展气候变化与减贫工作提供建议和案例参考，推动开展应对气候变化的南南合作与交流。

本书的前言解释了本书的研究意义，也简要说明了各个章节的主旨。

第一章介绍应对气候贫困的传统知识，解释为何选择这两个社区作为社区建设与脱贫的研究对象，说明了研究采用的恢复力理论与调查方法。总结了民族地区应对气候变化的可持续性发展瓶颈与超越因素等。

第二章集中介绍气候智能型社区的研究方法与过程。如果仅对于案例有兴趣，可以跳过该章。但是如果想尝试用同样的方法进行重复研究或者在其他地区开展相关研究，本章提供了可以参考的基本方法。当然，这只是此类研究的一个不成熟的开始，热切盼望越来越多的人可以加入进来，反复的调查才能建立更成熟、更科学、更可信的研究方法。特别是本书使用的"应对气候变化的传统知识问卷"，还有待方家指正。因此，我们并没有隐藏这个不成熟的问卷工具，还公开了对问卷设计的思考和解释，就是想请大家在批评和批判的基础上，提出超越我们的研究方法。

第三章介绍滇东黔西苗族社区以传统知识应对气候变化的案例。概述了滇东黔西地区自然地理和社会经济背景信息，回顾了苗族高原山地社会生态系统的历史与现状，分析了其采用基于传统知识的物种多样性来应对气候变化的 R 策略，总结了大花苗族社会生态系统的恢复力情况。

第四章聚焦滇西北藏族社区以传统知识应对气候变化的案例，概述了滇西北的自然地理和社会经济背景情况，介绍了藏族农牧混作社会生态系统的历史与现状，分析了其社会生态系统应对气候变化的传统知识，尤其是其大家庭规模对其社会生态系统的恢复力的贡献。总结了这些应对气候变化的传统知识是如何维持其社会生态系统的可持续性与恢复力的。

第五章是基于西南少数民族社区具体应对气候变化的传统知识与建议，进行了系统的分析，在社区层面提出恢复力建设的合作模式，在政策倡导方面提出建议。

目　录

第一章　应对气候贫困的传统知识

同时应对气候变化和气候贫困是对一个社会生态系统（Social Ecological System，SES）可持续性的巨大挑战。应对这样的挑战，社会生态系统可能需要得到外部赋能，但必要的是其自身具备的恢复力（Resilience，或翻译为弹韧性）。

气候贫困是精准扶贫的难点之一，也是区域发展不均的一个要素。气候变化常常是导致干旱、洪水、风暴以及其他许多极端气候灾害的直接原因，这些灾害可能会从多方面对贫困造成影响。

由极端气候事件对人类的生命与财产安全、身体健康、生产生活等造成直接伤害而导致的贫困，是直接致贫。由气候变化对社会生态系统造成的隐形伤害，如气温升高导致的农业生产条件变动和雪山冰川融化对地方信仰和组织能力的冲击而导致的贫困，是间接致贫。

在不同的社会生态系统尺度上，应对气候变化和气候贫困有不同的方法，不能一概而论。本书力图从地方社区的层面去理解这一较小尺度上的社会生态系统，探究如何采用传统知识理解和减缓气候变化，以应对气候贫困。

在全球层面，气候变化对人类的可持续发展提出了新的挑战，对生物圈的演替与发展也产生了明显的影响。人类社会从科学研究、国际合作等多个领域开展了一系列应对气候变化等的探索。❶虽然气候变化仍在加剧，人类对气候变化的认知已经有了显著的增加，但对应的行动却由于种种原因而不能有效展开，特别是在应对气候贫困方面仍然缺乏长效机制。这暴露出人类社会缺乏对自身局限性的认知，也反衬出气候贫困虽然具有天灾的属性，但是难逃人祸的指责。

在国家层面，世界多国制定了自身的气候变化应对策略，并通过一系列行动进行落实。一般来说，这些策略主要是立足于减缓气候变化❷，而非适应气候变化。控制碳排放是否可以真正有效地减缓气候变化，仍然是一个需要更多观察的事情，有不少人认为碳排放指标已成为全球发展的指挥棒，借环境保护之名，行发展壁垒之实。值得注意的是，这些减缓气候变化的措施并未充分考虑到气候贫困的问题，例如，将节能减排项目推广到一些经济发达、受气候变化影响较小的工业集中区，而退耕还林项目对于一些地区的经济发展产生了制约性。因此，从国家层面寻找减缓气候变化的方案时，应更多地考虑、关注和重视气候贫困问题。

在社区层面，气候变化与气候贫困的关联性更为显著，即发生了较大气候变化的社区更可能发生气候贫困。所以，应对气候变化与气候贫困更应该聚焦在社区层面，解决具体的生计问题，维护社区的社会生态系统的可持续发展。虽然两者的关联性很高，但对应的研究却非常有限：一方面可能由研究人员的经济理

---

❶　IPCC. Assessment Report Climate Change（AR1-AR5），1990—2013.
❷　联合国：《联合国气候变化框架公约的京都议定书》，1998 年；联合国：《巴黎气候变化协定》，2016 年。

性所导致，因为相关研究得不到经费和项目的支持；另一方面可能是此类研究具有跨学科、长时段、重田野等独特要求，无疑让很多研究人员望而却步。不过，只有基于社区的气候变化和气候贫困研究，才能支撑更高一层的分析，从而建立国家层面的气候变化应对政策导向，进而为全球的气候变化应对策略贡献积极的力量。

　　本书以地方社区作为社会生态系统的尺度，在中国西南民族地区两个不同的集中联片特困区中，选择了不同民族的两个本土社区作为研究对象（表1-1），以社会生态系统可持续性分析为导向，以恢复力理论（Resilience Theory）为基础，尝试以民族生态学（Ethno-ecology）的定性研究方法，结合半结构访谈问卷，调查不同地方社区应对气候变化和气候贫困的传统知识，从而为社区层面的精准扶贫、国家层面的政策倡导、全球层面的气候正义（Climate Justice）提供案例支撑。

表1-1　两个社区的基本情况

社区	滇东黔西 Z 村	滇西北 J 村
民族	苗族	藏族
贫困区归属	乌蒙山片区	滇西边境山区
基本生计类型	山地粗放农业	高原农牧混作
应对气候变化方式之一	物种多样性	生态系统多样性
应对气候变化的方式之二	外出务工	外出务工
应对气候变化的传统知识	畜禽饲养	神山圣境崇拜
温和气候变化下的社区可持续性预测	强	弱
剧烈气候变化下的社区可持续性预测	中	强

　　注：为保护研究对象的隐私，特别是涉及其家庭结构的多样性，本书根据民族生态学的研究伦理，以字母代替所属村寨名称。

一、气候变化与传统知识

全球正在发生气候变化，由此受到影响的人数自 2009 年的 2.44 亿持续上升，与此相关的灾难数量也有较大增长。根据联合国防灾减灾署的统计，1995 年至 2004 年的 10 年间，全球与气候相关的灾难有 294 起，2005 年至 2014 年的 10 年间，相关数量增长到 335 起。

中国同时面临着气候变化与气候贫困的挑战。《中国极端天气气候事件和灾害风险管理与适应国家评估报告》❶ 指出，20 世纪 80 年代以来，在中国境内发生的重大气候灾害造成的直接经济损失平均每年约 2000 亿元，而且可以预期中国发生高温、干旱和强降水等极端气候事件的可能性在未来一段时期会继续上升。而中国由于自身的地理特征和历史等问题，其贫困人口、生态环境极度脆弱地区、少数民族聚居区、生物多样性优先区域等范围在时间和空间上高度重叠，即气候变化敏感区域通常也是贫困地区、环境脆弱地带、少数民族世居区和生物多样性热点地区。这种气候贫困分布特征尚未引起足够重视，其复杂性是当前扶贫工作需要认真思考和面对的。

应对气候变化和气候贫困有两个主要的方向，其一是减缓气候变化，其二是适应气候变化。减缓气候变化需要逆转目前完全以经济收入为标准的发展体系，同时向传统社区的零排放、零污染的循环系统学习借鉴。适应气候变化需要增加社会生态系统的恢复力，确保社会生态系统在一定概率的气候压力和干扰下不会

---

❶ 秦大河，张建云，闪淳昌，等. 中国极端天气气候事件和灾害风险管理与适应国家评估报告 [M]. 北京：科学出版社，2015.

崩溃，可以通过适应性的学习能力创造性地实现社会生态系统的可持续发展。

中国气候贫困经常发生在生态环境脆弱的胡焕庸线两侧，而这一区域也是传统知识和生物多样性的热点地区。当地少数民族社区在识别和应对气候变化上是以传统知识（Traditional Knowledge，TK）作为认识框架的，因此，只有深入调查各自的传统知识体系之后，才能有效地发现地方社区应对气候变化的能力，从而为解决气候贫困提供参考方法。

本书并非指出气候变化的严重程度，也不是分析这些社区为何难以脱贫，而是关注这些气候敏感区中的少数民族社区长期以来是如何应对气候变化、保持自身的可持续性的。

本书的基本命题是：中国西南气候敏感区的少数民族通过长期与环境互动而形成的传统知识来增加其社会生态系统的恢复力，以此应对气候变化。故此，在这个前提下，解决气候贫困问题就需要认真深入社区生活，采用人类学方法，开展民族生态学调查，从而针对不同的地方社区制定出具有特异性的精准扶贫、永续发展计划。

这些传统知识不只局限于传统生态知识（Traditional Ecological Knowledge，TEK），还包括各种社会层面的文化、制度、规范、信仰等领域，正是这些传统知识让当地的少数民族比其他人群更好地维持了自身社会生态系统的可持续性，也是这些社会生态系统应对气候贫困的出发点。

因此，在面对中国气候变化和气候贫困的议题时，就需要考虑到气候变化并非学术期刊上的图表，也不仅是政府间的国际博弈，而是直接影响中国一些传统地方社区的现实，气候贫困是它们挣扎摆脱的噩梦。

二、少数民族的社区建设与脱贫

选择应用传统知识应对气候变化及气候贫困的地方社区需要满足如下四个条件：

一是发生了气候变化；

二是气候变化导致了一定程度的区域性气候贫困，但对研究对象却不显著；

三是作为研究对象的社会生态系统需要在一个比较小的尺度上，以方便进行观察和调查；

四是社会生态系统具有代表性和普遍性，能够代表某种类型的社会生态系统，也可以在该类型的其他社会生态系统中移植其应用传统知识应对气候变化、解决气候贫困的经验。

根据乐施会发布的《气候变化与贫困——中国案例研究》报告，中国贫困地区可以分为三种地域类型：一是东部平原山丘环境及革命根据地孤岛型贫困区，二是中部山地高原环境脆弱贫困带，三是西部沙漠、高寒山地环境恶劣贫困区。其中，中部贫困带是中国扶贫行动区域的主战场，包括胡焕庸线两侧，从东北延伸到西南，除四川盆地和汉中盆地之外，均是呈带状分布的山地和高原区。

国务院扶贫办于 2012 年 6 月 14 日发布的《关于公布全国连片特困地区分县名单的说明》指出："根据《中国农村扶贫开发纲要（2011—2020 年）》精神，按照'集中连片、突出重点、全国统筹、区划完整'的原则，以 2007—2009 年的人均县域国内生产总值、人均县域财政一般预算收入、县域农民人均纯收入等与贫困程度高度相关的指标为基本依据，考虑对革命老区、民族地区、边疆地区加大扶持力度的要求，国家在全国共划分了 11 个集中连片特殊困难地区，加上已明确实施特殊扶持政策的西藏、四省藏区、新疆南疆三地州，共 14 个片区，680 个县，作为新阶段扶贫攻坚的主战场。"

《中国农村扶贫开发纲要（2011—2020 年）》第十条指出："国家将六盘山区、秦巴山区、武陵山区、乌蒙山区、滇桂黔石漠化区、滇西边境山区、大兴安岭南麓山区、燕山—太行山区、吕梁山区、大别山区、罗霄山区等区域的连片特困地区和已明确实施特殊政策的西藏、四川藏区、新疆南疆三地州，作为扶贫攻坚主战场。"

由于明确实施特殊政策的三地州具有特殊性，所以本书从其余的 11 个片区中选取了乌蒙山区和滇西边境山区。这两个片区都位于云贵高原，也是少数民族数量最多、人口比例最高的区域。之所以选择少数民族，一个重要的原因是少数民族社区相对具有边界清晰、系统完整的特征，对分析社会生态系统的恢复力与可持续性具有得天独厚的优势。

本书所选定的代表性群体（滇东黔西苗族和滇西藏族）都生活在一个被学术界称为赞米亚（Zomia）的广阔区域，这个区域在东南亚大陆和中国、印度、孟加拉等国边疆的山地区域延展出近 250 万平方千米的巨大高地，几乎相当于欧洲的面积。狭义的赞米亚区域包括了中国的四川南部和西部、贵州和云南全境、广西西部和北部、广东西部，缅甸北部，印度东北部，泰国北部和西部，老挝的湄公河谷，越南中部和北部，柬埔寨北部和东部，孟加拉国部分地区。该区域少数民族人口近千万，族群数以百计，至少包括 5 种语系。

地理上的赞米亚可以说是东南亚大陆山地（海拔 300 米以上）。这个区域的少数民族虽然千差万别，但是他们近乎不可思议地共享着类似的世界观和价值观，并且凭借丰富的生物多样性和传统生态知识，选择了与现代国家理念背道而驰的谋生手段、社会组织、口头传承文化、耕种习惯和亲属结构。因此，现代国家对赞米亚区域实施的各种援助措施屡屡受挫。著名的耶鲁大学政治学教授、人类学教授、农业项目研究主任斯科特的专著《逃避统治的艺术》和《国家的视角：那些试图改善人类状况的项目是如何失败的》主要研究了赞米亚区域的社会情况，并指出了这些地方社会和文化发展的独特性。

通过分析与研究滇东黔西苗族和滇西北藏族采用传统知识应对气候变化的成功案例，将有助于对中国西南地区和缅甸、印度、孟加拉国、泰国、老挝、柬埔寨、越南等南方国家的少数民族地区开展类似的扶贫工作，而且其自身所具备的传统文化特征能更有效地传播和推广气候变化与减贫的案例。

同样，拉丁美洲牙买加的科克皮特（Cockpit）高地、巴西棕榈城（Palmares）以及苏里南（Surinam）都与赞米亚拥有类似的社会发展情况，本书的研究可以进一步应用到这些拉丁美洲的发展中国家。

出于各种原因，这些国家的地方社区和少数民族一直处于发展中的弱势地位，而政府又普遍对其无能为力，本书对这些受气候变化影响严重的农业不发达区域的脱贫将具有不可或缺的重要性。

选择这些区域的另一个重要原因在于本书的研究团队曾在此开展过长期的调查研究，有社区合作基础和前期调查资料，可以作为一种历时性的研究对照，这些因素对于气候变化这种具有长时间效应的问题格外重要。

对西南少数民族社区的发展与可持续性的最大干扰或变量并非来自气候变化，而是技术变革和社会变迁，例如，交通技术和通信技术的普及，国家各类主导项目深入农村的家家户户。本书将这些变量作为研究背景而非研究对象来进行处理，发现它们在变化的程度上、影响力水平上和社区的应对上，都比气候变化更直接、更具体。而且这些变量与气候变化有时呈正相关、有时呈负相关、有时不相关，有时会产生叠加效果、有时会产生抵消效果。

不过，同时处理这些技术和社会层面的变量不是一个研究报告力所能及的，故此，本书按照调研期间（2016 年 7 月至 2017 年 3 月）的基本情况，将这些变量或其变化情况作为背景信息，专注那些与气候变化有关的社区行为，先行处理应对气候变化的传统知识；再以此为基础，将社区的社会生态系统所面临的气候变化作为背景进行后续研究，以期获得其他变量对社区恢复力的影响。

脱贫在本书中包括三个层面的含义：①经济脱贫，即社会生态系统在经济上摆脱对外界援助的强烈依赖，能够满足社区内的基本物质需求；②能力脱贫，即社区通过自身的能力建设或维持社区的自组织能力，在发生气候异常的情况下，可以通过社区自身的能力减缓气候变化，并适应气候变化；③生态脱贫，即社区可以对自然资源进行明智的利用，将其有机地嵌入所在生态系统之中，不给环境造成不可逆的改变，从而维持社会生态系统的可持续性。

换言之，气候变化在一个较长的时间尺度上是研究范围的慢变量，也是社区的社会生态系统可持续性的长期挑战。社区需要通过学习和调整，整合传统知识和现代知识，应对逐步严峻的气候变化。社区需要从自身之中形成应对气候变化的能力。

在气候变化议题上，本书关注三个主要的方面。其一，气候变化与极端天气事件。这些天气事件在社区层面引发了一系列的应对和适应。其二，气候变化与人类健康。值得关注的是，在本书研究的范围内，健康因素是社区生活的一个阈值。如果家庭成员身体健康，正常的劳动情况完全可以维持生计。然而一旦出现健康问题，一个家庭往往会迅速贫困化并陷入某种恶性循环。气候变化虽然不能作为个人健康恶化的直接归因，但在一个社区层面的健康恶化发展上很可能扮演了更隐蔽且不可推诿的角色。气候变化影响了一些区域的生计模式，造成了传染病的新变化，部分地区的虫媒疾病因寄主分布的变化而造成流行病学意义上的新分布。其三，气候变化与社会性别。女性在传统社区分工中所从事的农作、家务等受气候变化的影响更为显著，又因为贫困加剧，更可能忽视女性受教育的权利。女性可支配收入减少、应对气候变化所需要的生计和生活成本上升以及增加的家务劳动负担，都对妇女产生了更突出的影响，进而可能会威胁到其健康情况。

三、自然资源的可持续利用

传统西南少数民族村落的所有自然资源几乎都可以做到物尽其用、永续循环。社区从事生产的人力与物力大都来自社区内部，包括种子、农家肥、劳动工具和劳动力，社区生活所产生的厨余垃圾可以作为动物饲料，人畜粪便可以进行堆肥，利用农田通过光合作用固定人类需要的碳水化合物。一方面，社会生态系统的物质内部循环不会产生难以降解的石化垃圾；另一方面，对各种自然资源进行明智利用，获得最大化收益，并在社会层面积累了社会资本。

简单来说，村落有机地嵌入当地的生态系统之中，成为系统的一个组织者和管理者，而非攫取者和剥夺者。

随着以货币收入作为发展的导向，越来越多的现代化手段被用于谋求货币形态的利益。例如，从事单一的经济作物种植，大量使用地膜、农药、化肥、除草剂等石化产品，机械化种植和收获，严重依赖市场对产品的供求关系。这种转变极大改变了社区的社会管理、文化形态和生态系统。由于资本密集型农业系统采用机械化设备，使用石化产品，替代了劳动力密集型农业系统，造成劳动力大量剩余，而这些剩余的劳动力不得不背井离乡，到沿海地区或其他城市出卖自身的劳动力。社区旧有的社会管理体系在这种冲击下逐渐瓦解，社区的传统文化也伴随着这样的社会变迁而淡薄消亡，新的主导文化是消费主义，这进一步刺激了以货币作为发展的导向。

正是在这样的处境下，社会生态系统发生了恢复力理论上的态势转变。

国际可持续性研究中最重要的理论之一是恢复力理论（Resilience Theory，又译弹性、弹韧性）（图1-1）。弹性思维（Resilience Thinking）认为我们所处的世界有以下几个特征：①我们存在于一个社会生态系统之中；②社会生态系统是一个具有适应能力的复杂系统；③弹性是系统可持续性的关键。弹性思维的核心是：系统无时无刻不在发生着变化；它们可能会以多种态势存在，在不同态势下，其功能、结构和反馈不尽相同；社会生态系统以适应性循环为途径，随着时间变动不居，故此我们只能以一种动态的、多维的、整体的视角来理解这个社会生态系统的行为（图1-2）。❶❷

---

❶ 彭少麟. 发展的生态观：弹性思维［J］. 生态学报，2011，31（19）：5433 - 5436.

❷ WALKER B，SALT D. Resilience thinking：sustaining ecosystems and people in a changing world［J］. Northeastern Naturalist，2006.

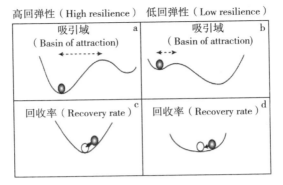

图 1-1　恢复力理论的球—盆体模型

资料来源：EGBERT H, Scheffer M. Slow Recovery from Perturbations as a Generic Indicator of a Nearby Catastrophic Shift［J］. The American Naturalist, 2007, 169（Volume 169, Number 6）：738。

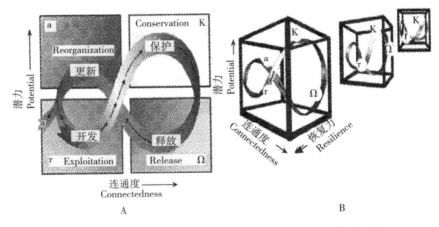

图 1-2　适应性循环（A）和增加了恢复力的三维视图（B）

资料来源：GUNDERSON L H, HOLLING C S. Panarchy：Understanding transformations in human and natural systems［M］. Washington D. C.：Island Press, 2002。

　　霍林（Holling）● 认为，恢复力是系统经受干扰并可维持其功能和控制的能力，即系统可以承受并可维持其功能的干扰大小

● HOLLING C S. Resilience and stability of ecological systems［J］. Annual Review of Ecology & Systematics, 2003, 4（4）：1-23.

或"生态系统吸收变化并能继续维持的能力量度"。卡朋特（Carpenter）和沃克（Walker）等[1]认为，恢复力是社会生态系统进入一个由其他过程集合控制的稳态之前系统可以承受干扰的大小，是系统能够承受且可以保持系统的结构、功能、特性以及对结构、功能的反馈在本质上不发生改变的干扰强度。

著名国际性学术组织"恢复力联盟"（Resilience Alliance）编写的《社会生态系统中的恢复力评估科学家工作手册》（*Assessing Resilience in Social-Ecological Systems：A Workbook for Scientists*）和《提升恢复力——灾害风险管理与气候变化适应指南》（*Toward Resilience：A Guide to Disaster Risk Reduction and Climate Change Adaptation*）（乐施会，2015）是科学家及社区发展工作者运用恢复力理论的主要工作手册。

使用恢复力理论对社区现状及发展进行评估需要先对社会生态系统有一个整体的了解，具体来说，即解决两个问题：什么的恢复力（Resilience of What?）和对什么的恢复力（Resilience to What?）。[2]

什么的恢复力（Resilience of What?）：以社区（自然村寨）为基本社会生态系统单位，处理具体的少数民族社区的社会生态系统的恢复力问题。

对什么的恢复力（Resilience to What?）：需要具体案例逐案处理。例如，滇东黔西的苗族社区的最大气候变化威胁来自严寒或水灾，滇西藏族社区的气候变化来自高温导致的冰川消融和地表径流变化。

由于研究的时间限制及其他问题，对这些少数民族社区的社会生态系统的调查研究还不足以开发出概念模型，更无法完成替

[1] CARPENTER S, WALKER B, ANDERIES J M, et al. From metaphor to measurement：resilience of what to what [J]. Ecosystems, 2001, 4 (8)：765-781.
[2] 《社会生态系统中的恢复力评估科学家工作手册》（*Assessing Resilience in Social-Ecological Systems：A Workbook for Scientists*）第一章表 1-1。

代性系统态势的分析，所以本书仍然集中于少数民族社区在传统
知识层面上应对气候变化的方式和方法，主要包括两个方面：如
何基于传统知识，合理应用社区自然资源来减缓气候变化；如何基
于传统知识，通过社区的自然资源管理来适应气候变化（图1-3）。

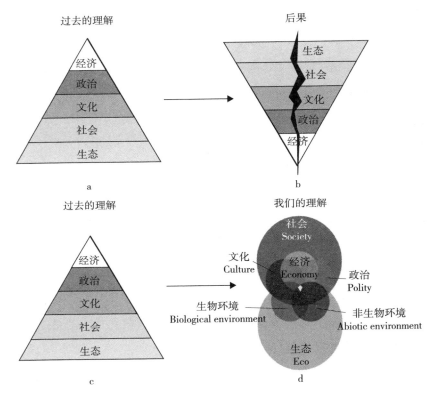

图1-3　社会生态系统发展示意图

　　a. 传统的发展是以经济增收作为导向（金字塔顶），政治、文化、社会、生态都
作为经济发展的资源，成为予取予夺的对象；b. 传统的发展让经济支撑其余部分，
然而一旦爆发经济危机，就会引发社会生态系统的崩溃；c. 同a；d. 本书认为，社
会系统与生态系统是社会生态系统的有机构成部分，其中分别涉及经济、政治、文
化、生物、非生物自然环境等组分。可持续发展是以不减少任何组分的可持续性为
前提，以社会生态系统的健康为导向，增加社会生态系统的可持续性

　　资料来源：元造永续设计。

四、发展的瓶颈与超越

本书中的一个重要事实是，增加社区货币收入可能与增加这个社会生态系统应对气候变化的恢复力相抵触。货币收入的增加可能是通过出售社区的自然资源来实现的，如大量森林被砍伐出售；也可能是以农业系统转型为代价，如从劳动密集型农业转为资本密集型农业，产生出的大量剩余劳动力被迫离开家乡外出打工，而从农业转型中获得直接收益的只是其中的少数人。

因此，如果以货币收入作为衡量手段，很可能在暂时摆脱气候贫困的同时，也丧失了社会生态系统的恢复力，而社区很可能在随后更极端的气候变化的挑战下迅速返贫，并且失去从气候贫困中恢复的能力，这就是本书以社会生态系统的健康而非社区经济收入的增加作为发展目标的根本原因。要了解在面对气候变化时，为什么一些社区可以持续发展下去，而另一些却会崩溃，我们就需要认识整个社会生态系统的复杂性。一个社会的生态系统是由多重亚系统及这些亚系统内不同层次的内部变量构成的。这些亚系统虽然相对分离，但也相互作用并产生综合能源系统水平上的影响，继而反馈给这些亚系统及其组分。社会生态系统在不同的时空尺度上会相互影响。❶ 可持续发展的关键在于利用并保持系统的复杂性，进而保持并增加系统的恢复力，而非单纯优化利用系统中的个别组分。

故此，本书认为，良好的可持续发展应该是一个社区在社会生态系统层面的健康发展，是这个社会生态系统恢复力的增加，

---

❶　OSTROM E. A general framework for analyzing sustainability of social-ecological systems [J]. Science, 2009, 325 (5939): 419-422.

可以在未来的气候变化挑战下，维持社会生态系统的基本结构和功能。那种以国民生产总值作为发展指标的衡量体系已经造成中国东部部分地区的环境污染和生态破坏，并有向西南民族地区蔓延转移的趋势，我们必须要尽力重建一个以社会生态系统的恢复力和可持续性为发展指标的衡量体系。这种工作不可能通过理论推演或实验室试验就可以完成，必须从社区中来，到社区中去，作为社区的一分子，参与到社区的社会生态系统之内。

下文将以中国西南地区不同民族的两个社区作为案例，具体分析其如何通过传统知识来增加社会生态系统的恢复力，应对不同气候变化的干扰，抵御气候贫困的入侵。

第二章　气候智能型社区的研究方法与过程

一、气候智能型农业

气候智能型农业（Climate-smart agriculture，CSA）是在一种气候变化新形势下应对粮食安全问题的农业转型和重新定位。

根据政府间气候变化专门委员会（IPCC）的报告，气候变化正在干扰农业的增长，影响世界很多地方作物的产量，而且大多数是负面影响，尤其是发展中国家对气候变化的负面影响非常脆弱。干旱、暴雨、洪水、最高温和最低温等气候变化和极端气候事件发生的频率与幅度不断增加，成为对气候敏感的发展中国家的发展瓶颈。气候变化导致全球玉米产量下降 3.8%，小麦产量下降 5.5%，更触目惊心的是，很多研究人员认为当温度超过阈值的时候，粮食产量会出现断崖式下降。

有研究显示，到 2050 年时，全球农业产量需要增加 60% 才能满足增加的人口的需求。由于可耕地的潜力限制，增加粮食产量主要依靠不断上升的生产力，而且前提是目前的气候可以保持在某种稳定的范围之内，不会造成致命的负面影响。

与常规的商业途径相比，气候智能型农业的方式可以为粮食安全和农业系统带来更高的弹性和更低的风险。

气候智能型农业的整体目标是从地方到全球都采用可持续性的农业系统，为所有人提供粮食和营养保障，这就需要完成以下三个任务。

（1）持续增加农业产量、收入、粮食安全和发展的公平；

（2）从农场到国家层面建立对气候变化的恢复力；

（3）在农业中发展创新技术来减少碳排放，使农业成为缓解气候变化的重要手段。

上述三个目标的相对重要性需要从地方到全球尺度进行考虑，会因地而异、因势利导、因时而变。发展中国家优先注重的是粮食安全和经济增长，那些贫困农民是最直接受到气候变化影响的，而他们对气候变化的贡献也是最少的，所以识别出经济发展与社会急需的平衡点对发展中国家尤为重要。

另外，增加农业生产力和小农户的收入对减少贫困、保障粮食安全至关重要，不能因为小农户对气候变化的贡献很小，就牺牲他们的农业生产来减缓气候变化。不断上升的气候变动性加剧了农业生产的风险、挑战了农民的应对能力，因此，气候变化不仅减少粮食产量和农民收入，还增加了风险，破坏了市场的稳定性，而这种处境下的贫穷生产者、无地和边缘化的族群就会变得特别脆弱。因此，就需要改变对农业增长和发展的投资及计划，否则，现有的农业系统无法支撑未来的人口，而且会继续成为气候变化的主要贡献者。

气候智能型农业在粮食安全、适应和减缓气候变化等方面具有协同效果，为避免这种"双输"的结果，可以将气候变化整合到可持续的农业策略计划与执行之中，有利于重新制定相关政策。气候智能型农业呼吁从农场到全球决策层进行的一系列行动，可以增加农业和粮食系统的弹性，提升农业系统和生计的恢复力，减少粮食不安全的风险。

二、气候智能型社区的研究方法

开展气候智能型农业的社区就是气候智能型社区的代表。气候智能型社区不仅包括采用游猎、游牧、游耕等粮食生产方式的社区，也包括采用精耕细作和农牧结合的其他粮食生产方式的社区。它们是对气候变化有自身理解和洞察力的社区，可以发展出应对潜在气候变化的适应力，甚至可以在区域层面上缓解气候变化。

对于这种气候智能型社区，单纯的社会学研究或人类学调查都难以胜任，农学的科研人员或生态学的科学工作者也有一叶障目的感受，故需要进行跨学科、长时段、重田野的合作交叉研究。目前，最有利于开展气候智能型社区的社会生态系统可持续性研究的是民族生态学的研究方法，以本书为例，涉及如下五项。

（一）多学科文献研究

社区的历史、气候、人文、经济、农业等信息分布在不同的学科领域中，收集整理这些信息就需要对多个学科的资料进行系统、完整、全面的梳理和调查，这与其他学科资料的单一来源不同，对研究人员的学科能力要求较高，也增加了查找资料的难度和时间。

（二）参与式农村评估（Particpatory Rural Appraisal）的研究

包括召开村民大会、完成话题清单、半结构访谈、山林考察、绘制资源图、利益群体分析、组内信息交流会、问题分析（问题树）、最终成果矩阵。

（三）参与观察

通过收集上述参与式农村评估的第一手信息，可以对当地社区的运行模式有初步的了解和推断。研究人员直接参与社区的生产与生活，也可以印证对社区的理解。

（四）问卷调查

在参与观察的基础上形成调查问卷，了解当地应对气候变化的传统知识，论证传统社区是以传统知识为框架来理解气候变化的，再基于这些理解产生适应性的调整。

（五）情景分析法

根据系统思维，探索不同情景下的地方社区在社会生态系统的层面上会发生怎样的态势变迁，进而形成新的适应性循环。这种情景分析一方面可以推演出可能的极致状态，另一方面也可以防范极端状态的出现。

三、调查问卷及其解释

（一）应对气候变化的传统知识调查问卷

您好！我们是农村生产生活的研究者，希望通过调查家庭的生产情况，帮助提高本地的生活水平。所有的调查结果不会泄露个人信息，并仅用于科学研究和政策倡导。

调查表编号：　　　　　　调查人员：

调查时间：　年　月　日　　调查地点：　　省　县　乡　村

1. 家庭基本情况

与户主关系	性别	生年/年龄	民族	受教育程度	工种	每年在家天数	民族语言使用
户主							

与户主关系：长子、长媳、长孙……。

教育程度：大专、高中/中专/技校、初中、小学、文盲。

民族语言：独占、优先、平行、次级、消失、混杂。

2. 婚嫁情况

与户主关系	婚嫁地点	时间	原因	配偶

例如：长女，毕节市区，2010 年，打工，重庆人。

3. 看哪个电视频道比较多？

频道	内容	时间	观众	其他

频道	内容	时间	观众	其他

观众：老人、中年人、少年、儿童。

4. 家庭主要经济收入比例（%）

务农	打工	公务人员（包括事业单位）	个体经营	其他

5. 种植

种类	方式	目的	面积（亩）	亩产/收入（斤/元）	10 年变化

方式需要逐案处理。

目的：自用、销售、特殊（仪式）。

6. 养殖

种类	方式	目的	数量	单产/收入（斤/元）	10 年变化

7. 采集

种类	方式	目的	数量/收入	劳动投入	10 年变化

续表

种类	方式	目的	数量/收入	劳动投入	10 年变化

8. 跟过去（2010 年前）相比

气温	变高	变低	规律变乱	没有改变	不清楚
天气	变晴	变阴	规律变乱	没有改变	不清楚
湿度	变湿	变旱	规律变乱	没有改变	不清楚
风力	变强	变弱	规律变乱	没有改变	不清楚
降水	变多	变少	规律变乱	没有改变	不清楚
冰雹	变多	变少	规律变乱	没有改变	不清楚

有什么突出的气候变化现象？请举例，如时间、地点、过程、伤害。

有没有极端天气？请举例，如冰雹、雨季开始或结束时间变化、泥石流等。

9. 有没有物候上的改变？请举例，如鸡枞菌、布谷鸟、败马草等

物种	分布地点变化	出现时间变化	其他变化内容

（二）问卷解释

本问卷的基本命题是调查对象对气候的主观感知与气候的客观记录需要具有一致性，而主观感知的差别又与其受教育程度、受外界影响、从事的生计相关。

本问卷的主要目的是调查当地人在社会生态系统中采用的生

产方式及其与应对气候变化的关系，而这些应对气候变化的传统知识的效果需要用科学方法进行分析研究。

本问卷的基本研究方法是观察法，分为描述性研究和分析性研究。

描述性研究是通过调查了解气候变化和应对方式在时间、空间和人群间的分布情况，为研究和理解社会生态系统的弹韧性提供线索，为其可持续发展提供参考。

分析性研究是通过观察和询问，对可能的应对气候变化相关因素进行调查和检验。分析性研究可以借鉴流行病学的方法，主要包括案例对照研究（case-control study）和世代研究（cohort study，也叫定群研究或队列研究）。案例对照研究会选取一组态势转换的社会生态系统案例，再选取另一组没有态势转换、仍然维持原态势的社会生态系统（对照），收集两个组中某一个或某几个关键因素（增加系统弹韧性因素，如传统知识）存在的情况，再以统计学方法来确定这一因素是否和该系统应对气候变化有关及其关联的程度如何。世代研究则是选取一组曝露于某种因素（如传统知识）的人和另一组不曝露于该因素的人，经过一段时间后以统计学方法比较两组社会生态系统态势转换的情况，以确定某因素是否和社会生态系统柔韧性有关。一般来说，世代研究比案例对照研究的结论更可靠，但世代研究耗时很长（可能需要数十年的时间），并且需要更多的资源。

您好！我们是农村生产生活的研究者，希望通过调查家庭的生产情况，帮助提高本地的生活水平。所有的调查结果不会泄露个人信息，并仅用于科学研究和政策倡导。

上述部分是每次调查之前与调查对象的事先沟通，包括自我介绍、研究方法、研究目的以及伦理说明。要求每个调查人员在每次调查时必须进行这样的事先知情同意程序，以满足研究伦理和学术规范。但本部分需简短易懂，必要时用当地习语进行表达，以防此说明的语法结构对调查对象产生疏离感。

另外，因为部分调查对象会在公开场合按照某种期待进行答复，所以本调查基本采用入户访谈模式，尽量避免集中在村公所等地；而且在访谈对象熟悉的家庭环境里有助于更开放、更真诚地交流。虽然降低了访谈效率，但可以增加访谈效度和信度。

调查表编号：　　　　　　　　调查人员：
调查时间：　年　月　日　　　调查地点：　省　县　乡　村

上述部分是为了满足数据统计和调查记录完整，特别是信度与效度要求。因为要对个人信息进行保密，所以没有调查对象的具体信息，但是包括了调查人员、时间和地点的信息，确保资料可以追溯。

1. 家庭基本情况

与户主关系	性别	生年/年龄	民族	受教育程度	工种	每年在家天数	民族语言使用
户主							

与户主关系：长子、长媳、长孙……。
受教育程度：大专、高中/中专/技校、初中、小学、文盲。
民族语言：独占、优先、平行、次级、消失、混杂。

国内农村基本以家庭作为生产和生活的基本单位，以户作为标准具有合理性，而且国内的户籍制度又使以户作为标准具有较好的可靠性。值得注意的是，不同处境下的户口与实际生产、生活是有差异的。例如，为获取低保，一个家庭很可能被拆成多个户口单元，将没有生产能力的老人和儿童单独成为一户，既可满足低保要求，又可获得各种补助。在这种情况下，为了实现调查目的，可以将多户合并为一个调查问卷。

一般来说，传统农村家庭都是由户主出面接受询问并回答问题，所以必须先了解户主是谁，其他人则通过与户主的关系来指代；如果户主不在或语言不通，那么就从最方便交流的调查对象开始询问。另外，由于部分家庭的儿童或其他人没有在本地登录户口，但也没有在调查范围内的其他地方登录户口，而且确定是此户生产和生活的组成人员，也要统计在本户之内。需要注意的是，很多家庭具有重组现象且不愿向陌生人说明，那么在调查时如果遇到欲言又止的情况，则应该回避，或者换其他不敏感的方式进行提问，如询问还有人一起生活吗？但不询问与户主的关系。

因为本问卷希望调查对于气候变化应对和适应的户别差异，所以需要了解性别、年龄（之所以采用生年或年龄计算，是因为很多人并不用公元纪年，而是用自己的年龄；但是相对来说，如果可以具体到出生年份，数据更加准确）、民族（涉及通婚和社会稳定性）、受教育程度（与家庭的柔韧性能力有关）、工种（生计多样性）、每年在家天数（外出务工是应对气候变化最普遍的方式之一）和民族语言使用（关涉社会的可持续性），以区分不同类别的户口。

调查对象通常对家庭人际关系非常敏感，所以尽可能在尊重隐私的前提下，比较可靠地进行人员记录。但本次调研是以户为单位的应对气候变化的生计生活研究，而非亲属关系调查，所以不需要过于严格地要求此部分信息精确无误。

（1）家庭结构的分类和编码：核心家庭（丁克家庭、继亲家庭和重组家庭）［1］，即一对夫妻，如有子女，其子女均为法律意义上的未婚子女（不同于生物学意义上的亲生子女），且不超过两代人。其中继亲家庭及重组家庭是由不同的家庭组成的新家庭，其标准是某子女不是某长辈的法律意义上的亲生子女。本次调研因关注生产、生活而将继亲家庭及重组家庭纳入核心家庭或大家庭中进行统计；单亲家庭［2］，即两代人，其中长辈只有一人；大家庭（主干家庭及联合家庭）［3］，即两代以上，彼此之间具有法律义务；其他家庭［4］，即单人户口、未成年人与其祖辈以上构成的跨代家庭，以及不能被上述分类涵盖的家庭结构。根据调查范围和调查对象的具体情况，本次调研主要考虑代际构成。

（2）以该民族是否在法律上是单一的民族为区分标准来进行不同户型的家庭民族分类：包括单一民族［1］、多民族［2］和不确定［3］。

（3）以家庭最高的受教育程度为标准对家庭进行教育分类：在读大专及以上［1］、高中/中专/技校［2］、初中［3］、小学［4］、文盲［5］和不确定［6］。中途退学仍然按照同一标准划分，如初一退学，仍统计为初中档［3］。在读高中生可作为高中档［2］。

（4）以生计多样性为标准对家庭进行工种分类：单一工种（如农业）［1］、双工种（如农业和建筑业同时进行）［2］、多工种［3］和不确定［4］。大多数劳动人员实际上都同时从事多个劳作，以工作时间为衡量标准，年度平均每月不超过一周的某工种就算业余，不进行统计。

（5）家庭的在家天数是衡量外出打工程度以及受到外界干扰程度的指标。每年在家超过300天或外出不超过2个月，即可作为全年在家［1］；在家超过180天或外出不超过半年，即可作为多数在家［2］；在家少于180天或多于60天，即可作为多数在外［3］；在家少于60天或外出多于300天，即可作为全年在外［4］；不确定［5］包括那些最近变化较大的情况。

（6）民族语言使用情况是衡量文化可持续性的指标，具体分为：全家使用且仅使用民族语言（或当地语言）［1］，全家优先使用民族语言（没有人不会民族语言，且家庭交流基本使用民族语言）［2］，全家优先使用官方语言（新生代不会民族语言或仅老人使用民族语言）［3］，全家使用且仅使用官方语言［4］和不确定［5］。

2. 婚嫁情况

与户主关系	婚嫁地点	时间	原因	配偶

例如，长女，毕节市区，2010年，打工，重庆人。

不同地区、不同时间和不同处境的婚嫁可以说明很多问题，如人员流动、社会稳定、发展趋势等。因此以户主为基本参照，主要关注户主子女的外流问题。具体分为：全部都在本地［1］，即与具有同样语言和民族的人婚配，属于同族的认同；部分外流［2］，即有子女跨族婚姻或跨地域婚嫁（以乡界为标准）；全部外流［3］，所有子女都与外族结婚或都离开了本地区（以乡界为标准）和不确定［4］。

3. 看哪个电视频道比较多？

频道	内容	时间	观众	其他

观众：老人、中年人、少年、儿童。

该表格主要是了解家庭成员的气候变化概念是自身感知还是被外界媒体灌输。如果家庭没有电视机或基本不看电视，可以认为接受外界灌输的气候变化较少（本方法仅在部分人群中适用，对大城市高教育人群不适用），属于自身感知 [1]；受外界影响有限 [2]，即家庭中的成年人较少看电视，即便看，也少看新闻，少看中央电视台（主要谈及气候变化内容的频道）；受外界影响较大 [3]；即家庭中有人比较多地观看新闻，特别是中央电视台的内容；不确定 [4]。

4. 家庭主要经济收入比例（%）

务农	打工	公务人员（包括事业单位）	个体经营	其他

家庭的经济收入数量、方式与其社会资源的支配能力和人员的发动能力相关，能够反映家庭的发展情况，特别是同一社区内部的相对情况更具有说明性。但由于调查中存在瞒报、漏报、虚报等各种可能，所以根据到访家庭的基本情况，可以进行初步判断。

值得注意的是，务农可能在时间上占优先性，但很难体现在经济收入上，越是传统社区就越突出。因此，该表格只能体现家庭财务水平。由于分类标准是财务的能力，所以一个家庭的打工收入即使比另一个家庭的公务收入的绝对金额高，但社区中有公务人员的家庭的财务情况往往好于外出打工者。具体分为：公务收入超过家庭收入的一半［1］，即此家庭很可能在社区中更具有影响力；个体经营超过家庭收入的一半［2］，即此家庭具有相对的影响力；打工收入超过家庭收入的一半［3］，即此家庭有富余劳动力，可以使财务平衡或有余；务农超过家庭收入一半［4］，此部分家庭往往勉强维持财务平衡，但是总体可能财务状况不良；其他［5］，不能划分到上述分类中的情况。

5. 种植

种类	方式	目的	面积（亩）	亩产/收入（斤/元）	10 年变化

方式：需要逐案处理。

目的：自用、销售、特殊（仪式）。

该表格一方面是调查当地社区应对气候变化的生计模式，另一方面是了解调查对象的劳作节奏。本次调研将生计分为自给农业［1］和商品农业［2］两个类别，因生产目标不同，自给农业是优先满足自身的食物需求，然后将多余的部分进行市场交换；而商品农业是优先考虑市场需求，只有少量用于自己家庭的消费。其余的为无法判断或不确定［3］。

种植业以灌溉系统为标尺，分为粗放农业［1］和集约农业［2］，有人工灌溉系统的是集约农业，没有的就是粗放农业。一半以上的商品农业都是集约农业。双系统种植［3］意味着一个家庭既有粗放农业，又有集约农业，可能是最具有应对气候变化能力、风险最低、收益最大的农业种植投入方式。其余的为不确定 [4]。

6. 养殖

种类	方式	目的	数量	单产/收入（斤/元）	10 年变化

养殖业（畜牧业）是以动物为生产对象的人类活动，具体分为：自用型养殖业 [1]，即以种植业为主，有少量的畜禽饲养，但这部分饲养主要是自用；商品型养殖业 [2]，即以养殖业为主，然后必须对养殖的产品进行销售，才能获得所需要的粮食；双系统养殖 [3]，即少量饲养自用动物，又专门饲养商品动物；不确定 [4]。

7. 采集

种类	方式	目的	数量/收入	劳动投入	10 年变化

采集业是对野生资源的直接利用，包括野生蘑菇等林下产品，不包括家庭蜜蜂饲养。具体分为：自用型采集业 [1]、商品型采集业 [2]、双系统采集业 [3] 和不确定 [4]。

8. 跟过去（2010 年前）相比

气温	变高	变低	规律变乱	没有改变	不清楚
天气	变晴	变阴	规律变乱	没有改变	不清楚

续表

湿度	变湿	变旱	规律变乱	没有改变	不清楚
风力	变强	变弱	规律变乱	没有改变	不清楚
降水	变多	变少	规律变乱	没有改变	不清楚
冰雹	变多	变少	规律变乱	没有改变	不清楚

　　问卷调查分析的是访谈对象对气候的主观感受和记忆，势必与客观的气象记录有出入，但调查人员切不可用气象记录来矫正访谈对象的答复。访谈对象不可能系统地记录最低温、最高温、年均温、年降水量等这样的数据，只能用他们可以记忆和表述的方式进行调查。此表格不仅关注气温、降水、日照等农业气象要件，还要了解湿度、风力、冰雹等容易被感知的天气现象，既包括长期的变化感受，又关注了极端气候事件的出现（具体见调查表8）。

　　有什么突出的气候变化现象？请举例，如时间、地点、过程、伤害。（此部分不进行编码统计，作为半结构访谈内容使用）

　　有没有极端天气？请举例，如冰雹、雨季开始或结束时间变化、泥石流等。（此部分不进行编码统计，作为半结构访谈内容使用）

　　9. 有没有物候上的改变？请举例，如鸡枞菌、布谷鸟、败马草等

物种	分布地点变化	出现时间变化	其他变化内容

　　此部分不进行编码统计，作为半结构访谈内容使用。

四、研究过程

本次调研项目通过多学科的文献调研，选定了两个具有典型代表性的民族本土农业生态系统作为研究对象。

（1）滇西北藏族以农牧间作的生计方式，适应了高原气候，但气候变化对他们传统的生产生活方式提出了挑战，他们利用丰富的传统知识，积极应对气候变化，并形成了诸多成功的案例。

（2）滇东黔西的苗族生活在高原的山地生态系统中，多风干旱的恶劣气候条件迫使苗族形成了应对这种气候条件的传统知识，对气候变化后的其他区域具有借鉴意义，但目前研究较少，需要进一步深入探索相关案例。

选取研究对象之后，就是选择和培训参与研究的工作人员。本次调研在实地考察阶段，以中国民族地区环境资源保护研究所为主要平台，配合云南省生物多样性和传统知识研究会，开展了人员的培训和实地调查工作。

中国民族地区环境资源保护研究所（CIERPMA）成立于2005年，是隶属于中央民族大学的二级科研机构，也是国内唯一长期从事以传统知识应对气候变化的科学机构，培养了大量的人才，毕业了10余位博士和50多名硕士。中国民族地区环境资源保护研究所内部出版的双月刊《生物多样性与传统知识》已经发行近10年（最新是55期，2016年2月），截至2019年3月，已经出版传统知识相关书籍8本，发表文章30余篇。研究所成员包括国内外特聘的10余位研究员，他们长期从事民族生态学、植物资源学、民族植物学、保护生物学和文化人类学的研究，研究方向涵盖少数民族传统知识、气候变化、传统医药、自然资源管

034 我有旨蓄亦以御冬：西南山地社会生态系统可持续性分析

理、恢复力理论、湿地社会生态系统可持续性等多个领域。研究所立足于中国丰富的生物多样性资源与独特的多民族文化沉积，基于民族生态学的研究方法和参与式的保护理念，促进区域文化交流、生物多样性和文化多样性的保护。在生物资源持续利用与生物多样性保护方面进行平等交流与合作，同时寻找土著与地方社区的传统知识在资源发掘与产业化使用过程中的互惠分享机制，发展这些重要资源植物的栽培与种植技术，服务于社区的生计与地方经济发展，促进可持续发展。目前，他们正积极参与从不同层面推动社区水平的生物多样性就地保护、传统知识的保护与传承。经过多年的努力，研究所在生物多样性与传统知识的保护、社区发展实践等领域的工作受到国内外的广泛关注和高度认可。

为了实现新的相关宗旨和使命，研究所制定了如下的发展目标：

（1）提高民族地区可持续发展能力，保护当地人和其他生物相互依赖的生存环境；

（2）研究和积累有关管理和保护自然资源、文化资源以适应生态环境和社会文化的知识；

（3）增强研究人员和发展工作者与当地民众一起从事跨学科研究、协调、记录和传播传统知识的能力；

（4）探索在知识体系、政策体系和文化之间进行沟通的手段和方法，促进社会各界跨文化、跨部门、跨学科的交流与合作。

在与上述平台合作的基础上，研究气候变化背景下传统知识的影响及变化，培训调查人员理解研究的意义：

（1）挖掘整理少数民族及地方社区认知气候变化的传统知识体系，对促进传统知识在适应气候变化方面发挥特殊作用具有积极意义，在一定程度上也有利于促进民族地区传统知识的保护和传承；

（2）维持和增强传统知识适应气候变化的能力，为应对越来越频繁的极端气候事件提供支持，对少数民族和地方社区传统生活生计的发展以及实现可持续发展有一定的借鉴意义；

（3）有利于相关传统知识的记录和保护，可以为未来应对气候变化、气候灾害、风险管理打下基础，从而降低生产生活的风险，提高生计的安全性，同时增强少数民族地区传统产业的投资力度；

（4）促进各利益群体对少数民族传统知识的理解和重视，探索与科学知识相结合来适应气候变化的创新和实践；

（5）通过对中国西南少数民族应对气候变化的传统生态知识的调查研究，分析其社会生态系统的可持续性，为其他南方国家开展类似工作奠定基础和提供参考，有利于开展应对气候变化的南南合作与交流。

需要研究人员明确这个应对气候变化的传统知识研究的长期目标在于：

（1）增强国内外对气候变化与传统知识关联性的理解与认知，阐明主要的认知结论与行动对策，提升国内外学界和政府对应对气候变化的传统知识问题的关注；

（2）为扶贫政策制定者、研究人员和实践者提供决策信息和参考，推动中国农村社区的减贫、适应行动，提升其恢复力；

（3）增进农村社区对自身传统生态知识的认知和自信，促进基于社区的环境保护和民族地区基于传统知识应对气候变化的能力；

（4）借鉴中国民族地区利用传统知识应对气候变化的案例，通过知识交流和互动，促进其他南方发展中国家应对气候变化的能力和脱贫发展的能力。

开展实地调查研究具有一定的开放性，调查过程中常会遇到意想不到的新情况，如果研究人员对研究意义、研究目标和理论基础理解不到位，很可能会错失某些新发现，甚至可能与研究目标背道而驰。所以，研究人员只有基于上述工作，理解了上述内容，才能具备随机应变的能力，迅速把握调查发现的新信息，挖掘具有特殊价值的新发现。

实地调研发生在人员培训之后，具体工作流程如下：

（1）组队出发。根据不同的工作基础和人员条件，本次调研分为滇西藏区调查队和黔西苗寨调查队，每队4人，2男2女。这样安排一方面可以在住宿和交通上更节约和高效，另一方面需要就部分具有性别因素的问题对不同性别的人进行询问，保证调查更真实有效。此外，组队时需要明确队长的职责，特别要确保研究人员的人身安全，还需要考虑语言、生活习惯、工作特长等多个方面。因此，组队的好坏直接关系到研究的成败。好的调查团队不仅可以事半功倍，还可以互相激发学术探索和成长，在科研之中获得乐趣与成就感；不好的调查队伍士气低沉，相互掣肘，需要浪费大量的时间和精力处理团队内部的纠纷。

（2）联系向导。民族地区多数为熟人社会区域，要想顺利完成调研任务，就必须找到一名好的向导。好向导可以在语言和身份上帮助调查人员，如果他在当地被普遍认识且广受尊重，那么研究人员也可借此获得社区更多的接纳；如果随意聘请向导或仅凭毛遂自荐，有可能会遇到名声不好的向导，那么在社区即便不吃闭门羹，也很可能被搪塞过去。寻找好向导的经验是请曾经在当地长期生活的人推荐或请求当地政府帮助。

（3）入户访谈。由于被访谈对象不希望公开谈论某些问题，或不同的访谈对象在座谈会上有从众行为，故入户访谈更为适宜，将交流空间移入访谈对象较为熟悉、舒适、安全、不受干扰的环境中，有利于得到更真实可信的信息。而且入户访谈是参与观察的基础，很多室内装置和活动都可以成为调查研究的对象，甚至一起吃饭也是建立信任和了解的必要程序。虽然我们希望开展入户访谈，但调查人员要知道自己没有入户的权利，需要得到户主的许可和接纳。如果户主表现出反感，则必须随时终止访谈，诚意道歉，并及时退到室外。

（4）参与观察。参与观察的重点在于参与，而不仅是观察，因此同吃、同住、同劳动就是参与观察的基本要求。对访谈得到的信息不能轻易信以为真，这并非访谈对象有意欺骗，而是内部人员的表述与外来者的理解存在差异，研究人员此时就需要亲身参与到访谈者的生产与生活之中，切身感受他们表达的含义。这个过程不仅是研究人员学习的过程，也是尊重访谈者的一种态度。参与到访谈者的生活中之后，研究人员和访谈者会建立信任友好的关系，甚至会纠正很多早期获得的错误认知。

（5）问卷调查。问卷调查是根据文献整理、入户访谈、参与观察等过程，形成初步命题，以社会学问卷的形式开展的研究手段，一般会先形成一份初步问卷，预调查后进行调整，再开展正式的问卷调查。问卷调查需要严格的抽样技术、不偏不倚的调查过程、严肃认真的调查态度，而调查数量则应该根据调查对象和调查内容的实际情况来确定。例如，我们对黔西苗寨的一个自然村开展调查，就是把村寨里所有的家庭作为单位进行问卷调查，虽然不一定可以代表所有苗寨的情形，但应该对这个具体的社会生态系统有更深入可信的数据。对那些很容易被忽略的研究对象，我们也千方百计地进行了入户问卷调查，可以比较充分地解释这个社区中应对气候变化的传统知识的组成。

（6）问卷分析。根据问卷的具体问题及不同答案的编码，可以对问卷调查得到的数据进行统计分析。分析后的数据应该以成果的形式进行展示，而后结合具体的处境和对应的理论，给予合理的解释，得到具有说服力的结论。这样才能让不同的读者根据同样的数据结果，应用不同的理论模型和阐释视角，给出不同的研究结论。

（7）报告编写。撰写报告并非简单罗列研究成果，而是要深入理解研究内容并真实呈现出来，这就要求撰写人员必须全程参与调查研究，有参与观察的经历，而且亲自处理过研究中发生的所有困难。调查研究人员之间也可以相互交流沟通，促进对研究的理解。编写的报告需要具有逻辑一致性、数据真实性和科学可信性。

本次调研中的所有参与人员都经过认真的前期培训，在实地调查中吃苦耐劳，在后期整理和分析中分享并贡献了真知灼见。

第三章　滇东黔西苗族社区以传统知识应对气候变化的案例

本书的研究对象之一是乌蒙山特困区的某苗族社区 Z 村。乌蒙山集中连片特困区跨四川、云南、贵州 3 省，包括 10 个毗邻地区的 38 个县（市、区），面积 1.7 万平方千米，涉及农村人口 154.24 万人，其中贫困人口 30.7 万人。❶ 乌蒙山片区属低纬度、高海拔区域，地形错综复杂，拥有高原、盆地、深谷、丘陵等多重地形；是高原立体气候类型，复杂多变，灾难种类繁多、发生频率较高，比较突出的有大风、洪涝、旱灾和冰雹。这些极端气候事件容易触发泥石流和滑坡，水土流失严重，故该区域多数土地比较贫瘠，虽然人口密度不高，但耕地极其有限，人均耕地少。耕地一般都是坡地，极少有精耕细作的稻田，土地单位面积产出率低，以致当地社区在遭遇突发或较大的极端气候时，容易返贫。乌蒙山集中联片贫困区面积大、贫困程度深、贫困现象异常复杂、贫困类型多样，被认为是 14 个集中连片特困区当中脱贫难度较大的。乌蒙山片区的贫困状况有三个特点：贫困与生态环

---

❶ 张榆琴，李学坤. 乌蒙山连片特困地区反贫困对策分析 [J]. 中国集体经济，2012（4）：53-68.

境脆弱耦合；贫困与生存条件恶劣伴生；贫困与地理区位特殊叠加。❶

一、乌蒙山区的气候变化

（一）乌蒙山区的自然地理

乌蒙山区脱贫难度极大，几乎涵盖了所有的致贫因素，这与其自然地理条件密不可分。乌蒙山位于中国贵州省、四川省和云南省交界处，是牛栏江、横江与北盘江、乌江的分水岭，多数山峰海拔在 2000~2600 米，主脉常有海拔超过 2800 米的山峰，如龙头山高 2879 米。乌蒙山除上述主脉外，还包括东北至贵州毕节、大方一带的山脉和东南达水城、六枝的山脉，实际上是不同走向的三支山脉。西支在威宁草海以西，以西凉山为主脉，向北延伸至云南昭通，海拔 2600 米以上。东北一支过草海东侧，经威宁恒底，跨云南镇雄，穿越毕节、大方，抵金沙白泥窝大山，海拔一般为 1800~2400 米。东南支则插入水城、六枝，呈西北—东南走向，是北盘江与三岔河的分水岭，海拔一般为 1300~2600米。位于东南支山脉西北端的韭菜坪，海拔 2900 米，是乌蒙山的最高峰，也是贵州全省海拔最高的山峰。

《乌蒙山片区区域发展与扶贫攻坚规划（2011—2020 年）》确定的乌蒙山片区区域发展与扶贫攻坚的区域范围包括四川、贵州、云南 3 省毗邻地区的 38 个县（市、区），国土总面积为 10.7万平方千米。到 2010 年末，总人口 2292 万人，乡村人口 2005.1

---

❶ 陈国栋，朱云忠. 回良玉在乌蒙山片区区域发展与扶贫攻坚启动会上强调：汇聚起扶贫攻坚强大合力加快连片特困区脱贫致富［J］. 国土资源通讯，2012（5）：4-5.

万人，少数民族人口占总人口的 20.5%。乌蒙山片区位于云贵高原与四川盆地接合部，山高谷深，地势陡峻，为典型的高原山地构造地形，属亚热带、暖温带高原季风气候，降水时空分布不均，降水情况难以一概而论。片区内居住着彝族、回族、苗族等少数民族，是我国主要的彝族聚集区。研究区域呈现出各民族大杂居、小聚居格局。生态环境脆弱、土壤层薄、土地贫瘠、人均耕地少，少数适农适牧土地产出低。干旱、洪涝、风雹、凝冻、低温冷害、滑坡、泥石流等自然灾害频发，石漠化面积占国土面积的 16%，25 度以上坡耕地占耕地总面积比重大，水土流失严重、土壤极其瘠薄、人口增长较快、婚育年龄较低、耕作技术水平低下。1274 元扶贫标准以下的农村人口有 259.4 万人，贫困发生率高达 12.9%，比全国平均值高出 10.1 个百分点，比西部地区平均值高出 6.8 个百分点。乌蒙山片区 38 个县（市、区）中有 32 个国家扶贫开发工作重点县，还有 6 个是省重点县。贫困群众身体健康情况不佳、居住环境卫生差、住房困难突出，仍存在大量的茅草房和石板房。

乌蒙山的自然地理情况可以概括为山高谷深、地贫人穷、灾多病多。乌蒙山片区处在我国第二和第三级阶梯上，平均海拔2000 米以上，属于典型的喀斯特地貌结构，自然地理、地质构造复杂，土地难以积存肥力，而且较多的大风天气也对表层土壤破坏显著。地质环境和生态环境脆弱，地质灾害类型多、发生频度高、危害严重。

（二）乌蒙山的苗族社区——Z 村

乌蒙山是苗族主要的聚居区之一。根据 2010 年人口普查的数据，中国大陆有苗族 9，426，007 人，占中国总人口的 0.7%，而乌蒙山的苗族人口就超过百万，是当地人数仅次于彝族的主要少数民族。

　　本次调查所选择的 Z 村是一个苗族（苗族的一个支系大花苗族）自然村，属亚热带季风气候，冬季寒冷干燥、多有大风。Z村纬度低、海拔高、耕地面积小、高原台地多、谷深水少、森林覆盖率低，虽然太阳能资源和风力资源较为丰富，但没有得到开发利用。该村隶属于一个国家级贫困县，其所在乡是这个贫困县中最贫穷的乡，该村在这个乡里也是较为贫穷的村（图 3-1、图3-2）。

图 3-1　Z 村自然面貌　　　图 3-2　Z 村冬季凝冻天

　　截至 2017 年 2 月，Z 村有 69 户人家，本调查以其社会—生态系统为研究对象，以普查方式走访了当地 63 户人家，剩余 6 户因全家外出打工，无法走访。

　　调研完成了 63 份调查问卷，从社区尺度和农户尺度研究当地近 20 年来（1997—2017 年）的社会—生态系统态势转换过程，从系统态势转换的两种途径及外部条件分析态势转换的驱动机制以及态势转换后对恢复力所造成的影响。

　　此次调研的村民包括不同年龄段、不同收入、不同家庭情况的所有农户，因此，通过对被访村民的分析，总结出当地社会生态系统的发展情况。

　　此次调研主要以入户访谈为主，采用统一的问卷进行调查，问卷包括部分半结构访谈，每一户村民访谈时间约为两个小时，访谈后馈赠了价值 36 元的茶叶作为谢礼。

本次调研团队自 2014 年起在当地开展社区工作，并建立了良好的合作与信任基础，因此毫不费力地找到当地多位青年作为翻译和向导，一方面解决了语言不通的具体困难，一方面由于当地青年在本社区被接受的程度高，可以快速进入问卷调研阶段，而且确保了走访的全面性。根据当地的收入标准，按日支付翻译费和向导费。

当地苗族在语言、服饰、文化等方面仍然保留着苗族特征，特别是一些老人仍然会吟唱苗族古歌，并且在社区内进行了文化传承。

该村位于大山深处，交通极不便利，当地居民除到距村子几千米外的乡里街上去购买生活用品和贩卖种植作物以外，基本不与外界进行交流，村民出行主要为步行，少数村民有摩托车。调查人员需要从乡里包车，迂回 20 分钟车程，才能到达 Z 村范围。Z 村各家各户居住较为分散，走访难度较大。

这样的交通状况对当地脱贫不利，但却因其边界清晰、系统封闭、自成体系、内部相对均一而对社会生态系统的调查研究有利。

总体来说，Z 村是一个具有苗族传统文化特色的、相对封闭的山地社会生态系统，它的气候条件异常恶劣、自然地理条件较差、农业资源贫瘠，但恰恰由于其自然条件恶劣，才让苗族一直栖居此地，没有在中华人民共和国成立前被其他更强悍的部族驱逐。

如同当地的生态系统一样，当地苗族社区的社会生态系统具有极强的恢复力，对目前水平上的气候变化具有较强的适应能力。当地长期的恶劣气候条件造成了能够在此长期生长的植物都是耐受性较强、抗逆能力高的物种和品种，对一定范围的气候变化不敏感。相反，从外地引入的高产物种和品种很可能无法较好地适应当地极端多变的天气。

Z 村新农村面貌如图 3-3 所示。

图 3-3　Z 村新农村面貌

（三）滇东黔西的气候变化与气候异常

1. 毕节、威宁、昭通气象站 1958—2015 年气象要素趋势

毕节站：温度上升都很显著，平均温度、最高气温和最低气温在过去几十年（1958—2015 年）每十年分别上升 0.15℃、0.079℃和 0.199℃，最低温度上升最显著，说明夜间温度上升速率更快；降水量没有显著性趋势变化；日照时数下降明显，速率为 62 小时/10 年，和全球很多地方"变暗"相一致（图 3-4）。❶

---

❶ IPCC 第五次报告中全球陆地和海洋从 1880 年到 2012 年上升了 0.85℃（0.65-1.06℃）。

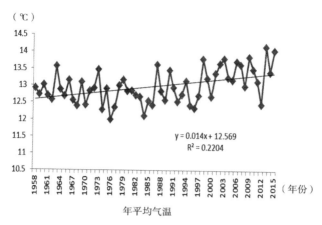

年平均气温

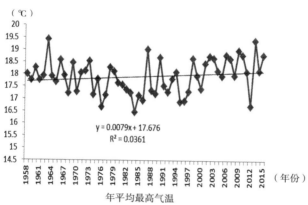

年平均最高气温

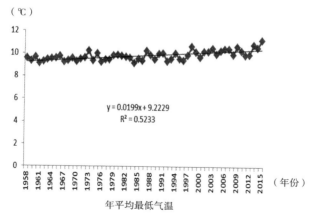

年平均最低气温

图3-4　毕节站气象要素趋势

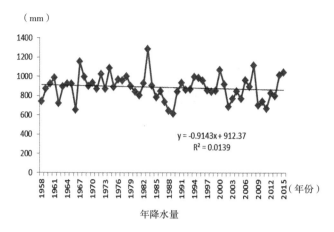

年降水量

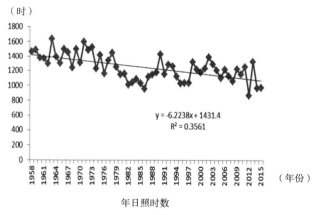

年日照时数

图3-4 毕节站气象要素趋势（续）

威宁站：温度上升都很显著，平均温度、最高气温、最低气温在过去几十年（1958—2015年）每十年分别上升0.175℃、0.111℃和0.247℃，最低温度上升最显著，说明夜间温度上升速率更快；降水量没有显著性趋势变化；日照时数下降明显，速率为61.7小时/10年（图3-5）。

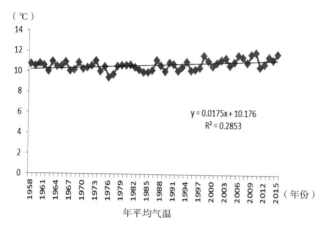

年平均气温

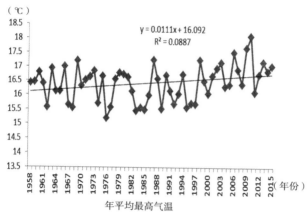

年平均最高气温

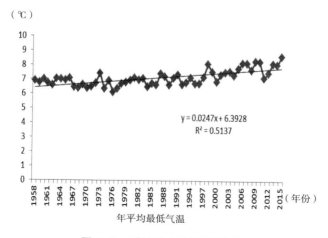

年平均最低气温

图 3-5 威宁站气象要素趋势

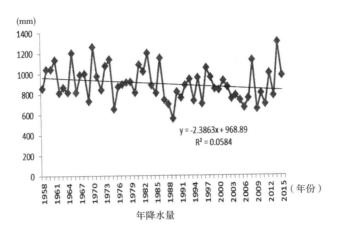

年降水量

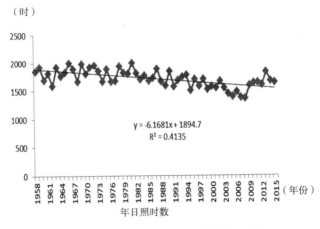

年日照时数

图 3-5　威宁站气象要素趋势（续）

　　昭通站：温度上升都很显著，平均温度、最高气温和最低气温在过去几十年（1958—2015 年）每十年分别上升 0.15℃、0.17℃和 0.23℃，最低温度上升最显著，说明夜间温度上升速率更快；降水量没有显著性趋势变化；日照时数下降明显，速率为 30 小时/10 年（图 3-6）。

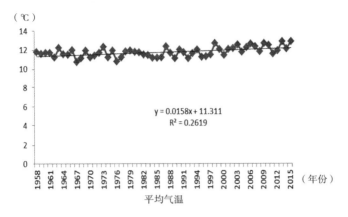

平均气温

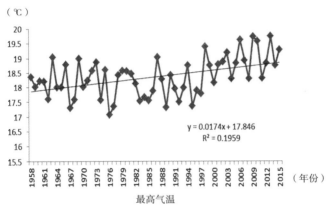

最高气温

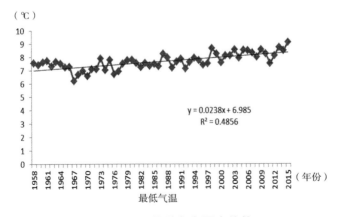

最低气温

图 3-6　昭通站气象要素趋势

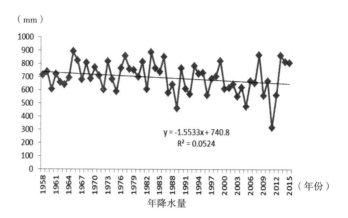

年降水量

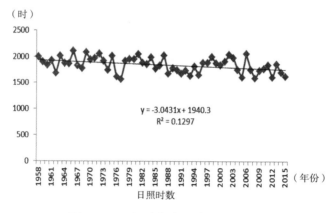

日照时数

图3-6　昭通站气象要素趋势（续）

　　由于Z村位于深山之中，当地没有气象站，故此，本次调研采用了距离该村直线距离最近的云南省昭通气象站的数据来显示当地的气候变化情况。

2. 当地村民对气候变化的感知

　　从气象数据资料中可以看出，黔西气候变化显著，气候异常现象增多。而调查问卷显示，当地居民普遍认为气候变暖，特别是低温减少。这与气象数据资料高度一致，可以认定当地人观察气候变化的可信度。

　　调查问卷显示，Z村苗族社会生态系统下的村民是依据传统知识而逐渐形成了对气候变化的直观认知和判断，并形成了一套认知和评价指标体系（图3-7）。虽然这种感知并非用科学数据来定量地描述天气变化，村民的评价标准也存在一定的主观性，而且感知结果与其对传统知识的掌握情况和平时观察的敏感程度有关，但公众感知作为理解人文响应行动的基础，已为探明农户对气候变化的适应机制和适应过程提供了一个新的视角。

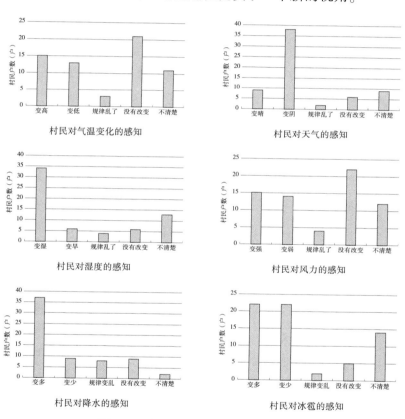

图3-7 村民对当地气候变化的感知

二、苗族高原山地社会生态系统的历史与现状

（一）大花苗族的贫困与发展

经过数次的实地走访调查，我们勾勒出一幅简单的苗族 Z 村的总体面貌：Z 村所处的县是国家扶贫重点地区，当地政府设有"扶贫攻坚指挥部"，省委书记也多次考察该地并积极推行"精准扶贫政策"；在当地设置农业基地种植中药材，以期盘活土地资源。选取农民优良的土地以 300 元/亩的价格租赁出去种植中药材，或以 16000 元/亩的价格收购。这种方式改变了农民以传统种植业为主的生产方式，导致农村劳动力过剩，当地青壮年纷纷外出打工，留下的多是 40 岁以上的人和伤残人士。Z 村人受教育程度普遍较低，完成小学教育的不多。政府大力提高以中等职业教育为主的职业中学的办学质量，鼓励当地居民入读中职学校，每年为学生提供 2000 元的补贴。当地民风淳朴，社会治安氛围较好，虽不富裕，但村民间的关系比较亲密，有互相分享家中物资的习惯，对约定俗成的一些礼节或约定均能自觉遵守。若有婚丧嫁娶等事宜，村中都会有专门负责的人进行召集，村民也都会自愿提供家中的桌椅板凳等物资，共同去事主家帮忙。Z 村有 23 户人家父母均在外打工，子女在当地就读，留守儿童问题较为严重。对 Z 村的自然资源进行分析后发现，该社区的社会生态系统以山地为主，海拔高、降雨少。当地政府修建的自来水管尚未投入使用，居民的日常饮用水及灌溉均由村民自行解决，有些村民在山腰适当的地方开凿沟渠，通过水管接入生活用水；有些村民开凿了水井，从水井里挑水来维持自家生活。

　　当地整体经济薄弱，经济活力低。居民收入以打工为主，每家至少有一人在外打工的有 52 户，人均收入为 1.12 万元/年。留存土地的居民基本仍依靠套种玉米和土豆这样单一的种植业获利。还有部分居民养殖鸡、牛、马、猪等家禽或种植核桃等经济林木，但也主要用于自家消费，剩余部分才会拿到市场贩卖，占家庭收入很少。当地因交通闭塞而较少有市场交易行为，村民的物品流通多以互相赠送为主，只有在赶场时去乡农贸市场卖出自种的土豆，再买入生活用品，和村外几乎没有任何贸易。

　　生态环境脆弱，自然条件恶劣。"石漠化，风沙大，烈日悬空雨难下；七分种，三分收，苞谷洋芋度春秋"是当地的真实写照。Z 村所处区域全年风大、降雨较少、冬季严寒，玉米和土豆以外的作物很难成活，再加上近年来种植收成减少，土豆个头变小，气候贫困的威胁日益紧迫。为应对恶劣环境，当地居民将传统知识应用于生活之中，例如，很多家庭都在自家修建水窖以解决当地用水的困难，用布包住头部以抵挡全年的大风，用布条包住鞋底以便在冬天结有 2~5 厘米冰层的地上行走。

　　研究人员在走访了 Z 村 63 个家庭之后发现，贫穷在当地是一个普遍现象，如果以研究人员自身的背景为参照，每家的贫穷情况相差无几；如果以当地人的角度来看，每家的经济情况则相差悬殊。

　　另一个贫困的标志是当地居民患病者较多，但很少有愿意积极接受治疗的，看病都是去县级医院，却又因知识差异而很难理解自身的病况。大多数患病者会选择自然康复痊愈，部分人会花钱去卫生站进行静脉注射抗生素；如果发生较严重病情，则容易放弃治疗。因为绝大部分家庭都处于维持生计的边缘，所以一旦发生事故，如疾病或意外，就会严重影响家庭的生存能力。

　　研究人员在当地还发现了一个值得关注的问题：该地苗族居

民对未来没有任何期待，得过且过，努力致富的意愿也不强烈。这很可能是自然环境、交通等诸多因素的限制而导致任何冒险都会造成更难承受的后果，让村民最终形成了某种消极的应对方案。当地苗族也希望富裕，但因为教育程度低、物资匮乏、技术落后，以致获得资金的能力非常有限。

总体而言，Z村苗族经济收入低，贫困问题突出；有脱贫的意愿，缺乏脱贫的能力；仅从经济收入上升的角度出发，扶贫难度极大。不过，苗族社区已经适应了当地的气候条件和地理情况，而且发展出适合应对气候变化的传统知识，不会在中等气候变化的情况下产生气候贫困。

Z村苗族社区应对气候变化的主要传统知识分为如下几类：刀耕火种与粗放农业的可替代方案；早婚早育、多子多孙的生育R策略；利用物种多样性应对气候变化的威胁。

（二）刀耕火种的传统生计模式

苗族传统社会曾经普遍采用刀耕火种的生计模式，这与他们的迁徙习惯以及土地所有权观念有关。

20世纪80年代包产到户执行后，Z村遭遇了历史上的第二次生态破坏（第一次生态破坏发生在"大跃进"、大炼钢铁时期），当地苗族居民在承包的土地上用烧荒的方法清除了林木，开辟了新的土地。这些土地的所有权一直到1988年才得到政府的最后认可，使当时具有较多劳动力的家庭占有了更多的土地。

鉴于当地实行"分家内部分地"的政策，即每个家庭在包产到户时承包的土地可以在家庭内部流转，而分家时不会从村的层面再重新分配土地。因此，随着人口大量繁衍，目前人均耕地分布不均的现象十分严重，大多数家庭的粮食仅可以自给自足，无法通过粮食生产发财致富。

　　这种刀耕火种并不是真正意义上的游耕，而是一种毁林开荒，第一年种植荞麦，第二年种植高粱，第三年开始种植玉米和土豆，从而成为正式的土地。由于耕地供求极其紧张、人口快速增长、土地贫瘠、气候恶劣、技术落后、资金匮乏，对土地任何过多的投入都难以实现更好的收益，因此，Z 村采用了这种耕种方式，维持在一个基本的生存线上，无法摆脱贫困的状况。

　　当地多变的气候状况导致苗族社区的农业没有向内卷化发展，因为在气候不确定的情况下，增加对土地人力和物力的投入，不仅可能颗粒无收，还可能血本无归。这恰好是苗族社区应对气候变化的方式之一，就是在单位投入收益比上寻找最高点，而不是寻找总体投入收益比的最高点。因为总体投入收益比的最高点需要以气候稳定、风调雨顺为前提，而单位投入收益比的最高点意味着一种种群生态学上的策略博弈。

　　最近几年，当地使用地膜技术减弱了气候变化的威胁，增加了作物产量，确保了部分家庭的生计，甚至还可以饲养牲口。然而，更重要的货币来源只能靠外出打工，年轻人别无选择，但他们在打工中所做的多为缺乏技术含量的工种，如在垃圾站进行垃圾分拣等，所以打工对习惯于田园生活的他们无疑是一种被迫的决定。

　　刀耕火种是一种粗放农业，所需土地的所有制通常为集体所有或产权不清晰。它的消失是技术变革的后果，更重要的是制度的变更和生态环境的变迁。自 20 世纪 80 年代以来，包产到户政策使家家户户都承包到了比较固定的土地，同时，大量原有林地作为集体林和国有林被保护起来，失去了刀耕火种的制度基础。在"大跃进"和后来的商业森林采伐之后，生态环境发生了根本性的改变。刀耕火种的技术并没有完全消失，它是一种贮存在社会生态系统内部的知识储备，在极端情况发生时可以随时被调用来应对更大尺度上发生的生态系统崩溃。

（三）生产与生活塑造的苗族社会

对于自然环境恶劣、气候条件多变的生态系统，物种在种群生态学水平上通过 R 策略进行生育是对不稳定环境的适应方式。苗族在数千年的迁徙生涯中，已经通过文化形式将这种生育 R 策略作为习惯法沿袭至今。

地氟病和早婚早育现象在 Z 村的大花苗族居民中极为普遍。当地苗族同胞大多数不能完成义务教育，而且 20 岁前结婚的占很大比例，然后生下头胎子女。虽然计划生育政策曾经深入而广泛地影响了该地区大花苗族居民的生育情况，但总体而言，他们的生育间隔更短、生育率更高，以致苗族人口增长过快，也增加了扶贫的难度。这种 R 策略的生育模式使苗族居民对长期接受教育有一定的排斥心理，并导致了他们对生命不重视，发生了致命的疾病却消极面对；如果疾病不致命，则得过且过，不会花费大量金钱去治疗。

R 策略行为方式同样也被当地苗族社区应用在生产活动之中。例如在种植方面，苗族居民常被其他民族居民视为懒散，认为他们不肯花费大量时间和精力照顾田地，粗放地开垦、撒种之后就不再精心地进行后续照料了。但如果考虑到当地土地贫瘠、气候恶劣的情况，这种策略可能是最优化的适应方式。试想，如果投入大量的人力物力进行生产活动，却因为不稳定的气候因素而可能连投入的种子最后都难以回收，那么投入越多，可能效益越差；而如果减少生产方面人力物力的投入，也可以减少成本的投入。

苗族所使用的农业品种也具有 R 策略种群特征，换言之，就是生命力顽强，是广谱品种，可以在多变的气候条件下生存。Z

村传统的老品种土豆的单位产量虽然不高，但是几乎不会绝产。而引入的新品种必须在风调雨顺的情况下才可能实现高产，可是Z村的气候很少风调雨顺，因此无法适应这种自然环境。

（四）基于传统知识的高原山地管理体系

Z村苗族社区应对气候变化的传统知识主要体现为采用物种多样性来避免减产和绝产造成的生存危机。

由于大风、干旱、土地贫瘠、土壤肥力单薄等多种因素，Z村附近虽多有高山深谷，但山无大树，谷无大河，苗族居民不能通过采集或渔猎的方式来补充食物和资金，只能依靠套种多种作物、饲养多种畜禽等方式来应对这种不稳定的气候条件和恶劣的自然环境。再加上当地没有方便灌溉的地表水，村民只能采取"靠天吃饭"的策略。

村中有田地的村民都选择种植玉米和土豆，因为这两种作物能在当地严寒的天气下存活，所采用的套种方式也对当地的严寒气候有较强的适应性，遇到早春霜冻冻坏土豆时，还有玉米可以保证产量，从而降低了绝收的风险，提高了土地的利用率。2016年发生的春季倒春寒就曾导致套种的土豆减产，但由于玉米还未长大而并没有受到此次低温的影响，维持了稳定的产量，确保了社区拥有粮食自给的能力。

Z村苗族居民在土豆和玉米的品种选择上更倾向当地传统的老品种，而不是农业科技部门引入的高产品种。这对当地的扶贫工作是一大挑战，因为只有种植新的高产品种，才能有足够的产量进入市场体系，作为商品获取经济收益，从而达到扶贫的收入标准。但村民不肯更换土豆和玉米的品种，而传统的老品种产量低、品相差，根本无法满足市场要求。实际上，村民也没有意图出售他们的农产品，多余的口粮都被用于饲养畜禽了。苗族居民虽然经济比较匮乏，但却不愿将粮食销售出去，转化为货币，这也是苗族居民应对当地自然条件的基本方式。

　　Z 村苗族居民对传统知识的应用还体现在民俗民风、出行方式、饮食习惯、衣着等生活方式上。他们一般在头上包上头巾，以防止冬天严寒的风对人造成冻伤；饮食普遍偏辣，有助于抵御寒冷，也是适应当地的潮湿环境；冬天出行时都会拿竹子做的拐杖，并在脚底裹上破布来防滑，因为当地冬天常有霜冻，路面会结有 3~5 厘米的薄冰。当地百姓居住比较集中，邻里氛围和睦，当每家有重要的婚丧活动或农业活动时，他们互相约定每家至少派出一个劳动力帮忙，这样可以有助于提高劳动效率，保证事务的进度。

三、应对气候变化的传统知识

（一）Z 村苗族社区的基本情况

　　课题组本次采用了半结构式访谈及主要人物访谈的调查方法，于 2016 年 7 月 27 日至 8 月 1 日对多个苗族社区进行了第一次访谈，2017 年 2 月又对 Z 村苗族社区进行了第二次访谈。初步调研后，最终确定对 Z 村进行全面的入户调查。

　　以下是课题组本次调查的结果。

　　被调查家庭基本情况分析如下。

　　从家庭结构上看，本次调查对象为 Z 村的 63 户居民，其中，核心家庭占全部家庭的 60%，大家庭占 24%，单亲家庭占 6%，其他家庭占 10%（图 3-8）。

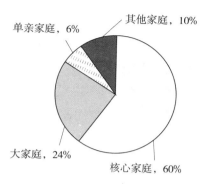

图 3-8　Z 村家庭结构分类

从调查对象的民族分类上看，Z 村单一民族所占比例最大，为 87%，多民族仅占民族分类里的 8%，另有 5% 的调查对象不确定其民族成分。单一民族主要是苗族与汉族，苗族占 91%，汉族仅占 9%（图 3-9）。

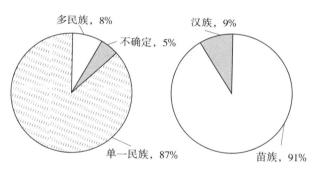

图 3-9　Z 寨村民族分类构成

从文化程度上看，Z 村的教育水平主要处于 9 年义务教育阶段，38% 的家庭至少有一人接受过 9 年义务教育，33% 的家庭至少有一人接受过小学教育，接受过或正在接受高中、中专、技校甚至大专及大专以上教育的家庭少之又少，两者比例之和仅占全村整体受教育水平的 11%。在 9 年义务教育盛行的今天，Z 村甚至还有 10% 的家庭全是文盲，可见当地的基础教育水平是比较低的（图 3-10）。

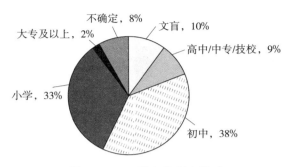

图 3-10　Z 村文化程度构成

从图 3-11 可以看出，Z 村的生计模式具有一定的多样性，超过一半的家庭选择双工种的生计模式，即务农与外出打工；30%的家庭选择单独务农，或单独外出打工，或单独做建筑业为生。村民不再仅靠传统的务农吃饭，越来越多的人会选择另外的生存模式。

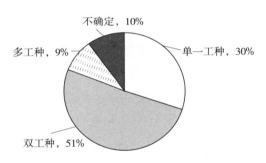

图 3-11　Z 村家庭工种分类构成

（二）应对低温冷害的传统知识

气候变化对 Z 村来说是一种不争的现实，干旱、洪涝、风雹、凝冻、低温冷害、滑坡、泥石流等自然灾害频发，从附近的气象记录和问卷调查得到的主观感受（调查人员事先没有得到气象记录，以防有意引导调查对象的回答）都能证明其真实性，这就使村民们在应对气候变化及自然灾害中形成了一系列的传统知识。

由于 Z 村所在区域的气候条件恶劣，因此，其社会生态系统早已对温和的气候变化具备了恢复力，能有效抵御这些干扰，像最低温度上升、日照时间缩短这样的变化都不是主要的限制因素。真正影响他们的最突出的气候灾害主要是低温冷害，尤其是早春时节种植土豆之后，倒春寒频繁发生，常会冻伤正在生长的土豆，对当地的农业种植产生了负面的影响。

Z 村苗族从物种水平和遗传水平两个方面采用传统知识应对这种时有发生的气候挑战，但要特别指出的是，当地农业是以生存而非经济为导向的，主要追求的不是市场需求，而是确保可以得到维持生存所需的粮食。

1. 套种多种不同作物，避免单一种植造成的绝产威胁

Z 村苗族居民在有限的耕地上用套种的方式尽可能种植多种作物，如玉米、土豆、红豆、蚕豆、黄豆、绿豆、豆角、南瓜等。套种是在土地利用面积严重缺乏的情况下使用土地的最好方式，可以保证对土地、阳光、雨水和肥力的充分利用。当地村民以玉米和土豆为主要套种作物，基本是一行玉米，一行土豆。由于玉米和土豆的种植与收获时间交错，成长所需要的阳光和雨水交错，因此不仅可以有效地利用时间，不会产生极端的农忙，造成来不及收获的局面，而且有利于在单位面积上实现最大产出。玉米的数量通常更多，因为它和其他几种作物具有套种优势，例如，玉米在生长发育的时间和空间上与土豆有别；玉米是攀缘型红豆的攀缘对象，可以节省空间和架子，而且这种攀缘型红豆及其豆荚在青嫩时可食用。还有一种可以和土豆套种的非攀缘型红豆只能在成熟后晒干了才能吃。土豆和这种红豆都是在公历 7 月底成熟并收获，可以先采摘红豆，因为怕雨水过大，它会烂在地里，而后再收获土豆。

2. 坚持种植低产但抗寒的老品种，确保稳定的收成，保障最低的粮食供应

Z村苗族居民选择了经过多年培育、筛选和演变，已经成功适应了当地气候条件和地理条件的传统老品种作物。虽然这些老品种比农业部门引入的高产品种产量低、品相差，但比较耐寒，即使遭受倒春寒而造成减产，也极少发生绝产事件。对于在贫困中以生存为导向的Z村苗族社区，这才是他们首选的标准。

（三）应对旱涝的传统知识

当地水资源严重短缺，深谷里没有大江大河，降雨集中但雨量较少，又因为森林被毁坏殆尽，喀斯特地岩地质条件无法积存雨水，所形成的强烈冲刷进一步导致了水土流失，恶化了土壤条件。然而即便是这种情况，也仍然会产生泥石流和滑坡等地质灾害，所以当地苗族居民在建房、开垦荒地等的时候，都会回避那些可能发生泥石流和滑坡的地带。尽管这样确保了建房时不会受到类似的灾害，却又带来了另一种困难——常年缺乏安全饮用水源，由此进一步限制了当地的卫生条件，影响了村民的身体健康。不过，苗族居民的生存优先导向让他们在这样的环境下继续维持着他们自有的社会生态系统。

为了应对干旱带来的对农作物产量的影响，当地苗族居民会选择种植如玉米和土豆这样抗旱、耐寒的作物，尤其是具有良好抗逆能力的Z村苗族的老品种玉米和土豆，能确保在大多数的气候条件下都有稳定的收成，可以维持社区生存需要的基本粮食。在种植期间，苗族居民会使用塑料薄膜来保证农作物在干旱情况下的正常需水量，塑料薄膜能起到防止水分散失的作用，还能将早晨空气中的水分保留在薄膜地下的土壤里，使土壤维持湿润状态。

另外，苗族居民会优先考虑在蓄水能力好的林地下游开垦土地。Z村苗族居民因其粗放的农业种植方式而没有开发灌溉系统（他们对灌溉系统的排斥可见于政府投资千万元在另一个苗族村寨开发的灌溉系统，自剪彩之后10年没有启用），但他们仍会尽可能选择避风、湿润的土地进行开垦。如果没有经过实地调研，有人可能认为在苗族社区引入灌溉系统可以提高产量，其实不然，苗族社区在种植过程中不使用灌溉系统对喀斯特地貌上的水土保持有着极为重要的作用。如果采用了灌溉系统，即便短期内产量不被干旱影响，但喀斯特地貌冲刷造成的水土流失会快速石漠化。故此，拒绝使用灌溉系统也是苗族社区应对气候变化的传统知识，是苗族人民千百年来在乌蒙山区靠长期观察得出的经验。

（四）应对冰雹的传统知识

Z村为冰雹灾害频发地区，为减少冰雹带来的经济损失等，当地村民在长期的发展过程中逐渐积累了能准确预见冰雹灾害的识别冰雹云的相关知识。

（1）冰雹云的雷声特点是"响雷无雹，闷雷下雹"，低沉、此起彼伏、连续不断的为"闷雷"，响亮、间断、有节奏的为"响雷"。另外，冰雹云来临时发出的闷呼呼的吼声也是下雹的信号。

（2）冰雹云的颜色如呈现土蓝色、灰蓝色或蓝白色，再伴有光电现象，则均可下雹。

（3）冰雹云移动速度快、连续翻滚强烈，一般听到雷声后一二十分钟，就会下冰雹。

Z村冬季的风力较大，特别是春节前后往往有大风天气，造成地面温度急剧下降，此时就需要加强室内增温保暖的工作。苗族居民通常采用煤炉取暖的方式，但当地煤的品质较低、烟大且氟含量严重超标，导致地氟病成为当地人的地方性流行病。

冰雹是无法控制的自然现象，因此苗族居民更多是以消极防御的方式进行应对，主要从建筑保温、增强建筑的抗雹能力等方面着手。

（五）应对气候变化的习惯法

当地村民在应对气候变化上有自己的一套习惯法，受调查时间所限，本次调查主要集中关注于一种具有强烈非经济理性的惯习，并以此分析苗族社会生态系统的恢复力问题。

在调查访谈过程中，一位负责脱贫的政府领导 M 在分析当地脱贫战略时指出，当地苗族每家每户每年的玉米收成近 4000 斤，如果销售出去，可得到货币收入 4000 元，但是这些村民几乎从不出售，而是全部喂猪。这些玉米只能喂两头猪，到年底卖出后也就值 3000 元，不仅没有赚钱，反而赔钱了。如果村民把玉米卖了，基本就可以达到脱贫的标准，但他们就是不卖，完全不算经济账，就是喂猪。M 对此耿耿于怀，认为这种落后的思维方式才是当地苗族居民致贫的主要因素。因此，他希望通过自己的大规模农业种植项目所获得的利益来说服当地村民。

另一位职务比较低的领导 W 却不这么认为，他对这些大规模的种植项目持极大的怀疑态度，但因为职务较低，并没有当面表达自己的看法。在随后的私下交流中，他一方面否定了大规模农业种植项目能够帮助当地脱贫的可行性，一方面肯定了苗族居民养猪的正当性。值得注意的是，这位支持养猪的 W 是领导中少有的当地苗族干部，而那位反对养猪的是外地来的其他民族干部。

这两位领导自身的传统知识对他们的认识产生了潜移默化的影响。研究人员在调查过程中发现，他们两个的判断都对，只不过他们是基于不同的知识体系来进行思考的。

　　单纯从货币体系计算，M 无疑是正确的，他所代表的也是目前普遍采用的国民生产总值体系。在这个体系里，所有的物品都必须折合成货币形式，而且必须通过市场交换。如果一个苗族家庭像现在这样，就基本没有明确的收入可供计算和统计；但如果他出售了玉米，然后购买了猪，一来一回，当地的 GDP 就增加了7000 元，当然可以从数字上达到脱贫的目的。如果卖玉米再买猪真的这么划算，为何当地苗族村民不肯做呢？我们通过入户调查发现，绝大多数家庭只要可能，都会最少饲养一头猪。有个别家庭因为外出打工而没有饲养，在回答养猪问题时多少有些讪讪地。无论是 W 姓苗族领导，还是普通的苗族同胞，似乎都认为一个家庭没有养猪是不正常的。他们给出的理由包括：过年得杀猪，红白喜事得杀猪，自己家养的猪好吃。除最后一条外，其他理由实际上都无法在可以进行购买猪肉的前提下成立。即便是最后一条理由，如果有人高价（如喂猪的玉米费用 4000 元）收购他们饲养的猪，他们也可能卖，然后他们会用 3000 元购买饲料猪。所以，这些理由都有待商榷。

　　故此，养猪这一个惯习就难以用经济理由进行解释，本次调研又尝试从一种习惯做法的角度进行解读。

　　养猪在当地苗族社区是一个家庭基本的生活方式，是一种约定俗成的做法，如果不养猪，会在社区层面被视为另类。为何养猪成了一种不成文的习惯法？研究人员认为，可能有如下几种原因。

　　（1）生理层面。动物蛋白和动物脂肪对维持健康，特别是女性的健康具有重要意义，而猪肉正是获得这两种物质最重要的来源。由于当地没有渔猎资源，农业种植只能提供碳水化合物（玉米与土豆）和少量的植物蛋白（豆类），因此苗族居民就需要通过猪肉来获得所需的动物蛋白和动物脂肪。

（2）文化层面。过年、过节、红白喜事都要杀猪，这已成为当地文化的一部分，而且如果杀的猪不是自己喂养的，会感觉不对劲。其实，这种文化不仅在苗族地区，在汉族区域也仍然流行，例如在贴春联时，会特意为猪圈也贴上对联。

（3）社会层面。杀猪是一个社区性的活动，往往一家杀猪，全社区都可能过来参与，一方面是为了分得一杯羹，另一方面也是为了促进社区合作与交流。如果自己家不养猪，就没法在别人家杀猪时过去参与，进而也就失去了与社区互动的机会。

（4）生态系统层面。人们通常都没有注意到猪所扮演的一个关键性角色——循环器。人类生活会产生大量的厨余垃圾，人类自身会产生粪便，这些有机物可以被猪利用起来，而人类不能直接食用的牧草还可以作为青饲料喂猪，也算间接地为人类提供了蛋白质和脂肪。另外，当地社区的部分作物（如一些瓜类）在成熟后有极强的时效性，倘若不及时利用，就会腐烂变成垃圾。但村民们并没有兴趣消费这些作物，用来喂猪可以转换成猪肉贮存起来，反而有效地利用了这些具时效性的有机物。另外是猪的食量较大，粪便量相对也大，是田地很好的肥料。如此一来，养猪可算是一举多得的好事，可以解决田地缺乏有机肥、人类缺乏蛋白质和脂肪、生活垃圾的处理、部分食物不耐贮存等问题。一旦不养猪，大量的厨余垃圾只能丢弃，任其腐败、招惹蚊虫；多余的、不耐贮存的季节性食物也会变成垃圾；没有足够的猪粪还田，就需要购买化肥，就会增加支出和购买的时间与选择成本。

（5）假使当地村民自家不养猪，那么就可能带来一连串的问题。例如，别人家杀猪请客时就只能选择回避，没有了社区参与度，就失去了社交机会、减少了社会资本；逢年过节需要猪肉的时候只能去市场购买，如果正好资金紧张，会异常尴尬；没有猪肉就不能做腊肉,来了客人无法款待;自己想吃肉的时候,就需要等待集市开张,专程出远门购买,这对不喜与外界交流的苗族居民是一个挑战。

综上所述,那位其他民族的干部不理解养猪对苗族社区的多重含义,而苗族干部虽然从传统知识上知道不能不养猪,但并没有意识到养猪在苗族社会生态系统中所起的关键性作用。

(六)Z村苗族社区社会生态系统的自组织能力和适应性

苗族属于典型的赞米亚人,自组织能力有限,但适应性较强。Z村苗族社区各家各户具有扁平特征,即普遍贫穷、普遍教育水平偏低、普遍采用同样的生计模式。在调研过程中,部分个人给研究者留下了深刻的印象,但每个家庭的相似度较高,差异度不大。社区没有明显的管理者和组织者,各家各户各自为政,平时需要时互相救济,依靠个人的社会关系进行互动。

在历史上,苗族曾是一个习惯搬迁的族群,各家各户都具有类似的全能性,单门独户也可以适应环境,维持生计,哪怕只有1~2户人搬迁到一个新区域,也可以维持生计。如果受到其他族群的威胁、冲击或逼迫,苗族会选择搬迁来躲避,这与其R策略的应对模式相一致。

因为苗族可以适应比较恶劣的自然条件,所以他们会选择那些竞争性弱的环境定居,从而规避与其他族群发生争执。

这种对恶劣自然环境的适应形成了足以应对气候变化的传统知识。苗族社会生态系统具有较高的恢复力,可以利用自身的传统知识,迎接气候贫困的挑战。

1. 养殖业

Z村的畜牧业以家庭自养型养殖为主,如猪、牛等,主要用于自己食用,所占比例高达82.54%;有少部分村民还饲养一定数量的羊，用于出售，但所占比例不高，仅为 11.11%（图 3-12）。

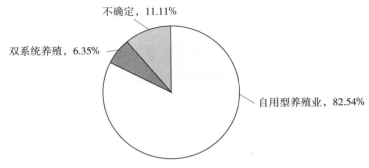

图 3-12 Z 村养殖业分类比例

2. 种植业

Z 村经济条件落后、水资源匮乏，没有足够的水来进行人工农业灌溉，种植业多以粗放农业为主，所占比例为 84.13%，几乎没有集约农业，双系统种植比例少，只占 7.94%（图 3-13）。

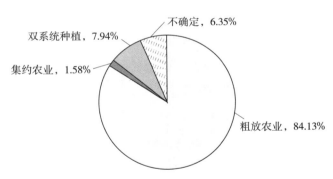

图 3-13 Z 村种植业分类比例

3. 缺乏采集业，自然资源有限

Z 村极度缺乏采集业，超过一半的村民没有任何采集活动，少数村民偶尔有采集核桃、蘑菇等活动，但均为自用，商业型采集几乎不存在（图 3-14）。

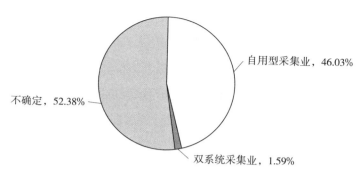

图 3-14　Z 村主要采集业分类比例

4. 务农与外出务工是主要经济来源

Z 村是一个以农业为主的社会系统，村民的主要经济来源仍然要靠务农，务农的收入超过整个家庭收入一半的家庭占比为50.79%。同时，从图 3-15 中可以看出，Z 村已经改变了原有靠天吃饭的谋生方式，不再以单纯的传统农业为主。有接近 50% 的家庭的主要经济收入来自外出打工，这部分家庭即使仍然有人在务农，但比例也不大，这样至少在气候突变的情况下，他们能依靠打工来维持生计，应对气候变化。当然，该村地理位置、气候条件和教育水平都比较差，生计模式也只能保持这种务农与打工为主的相对单一状态。

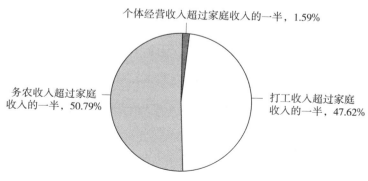

图 3-15　Z 村主要经济收入来源

5. Z 村村民在家天数分析

图 3-16 显示，Z 村 63 户人家中有 53.97% 的人选择全年在家，仅有不到 10% 的人选择全年在外，可见 Z 村村民外出务工较少，村寨系统还维持着原有的状态。但研究也显示，外出务工的青壮年占更大比例，而且带回很多外界的影响，尤其对青年女性的社区外流产生了深远的影响。

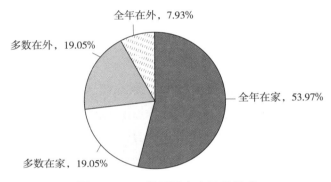

图 3-16　Z 村村民在家天数组成

6. Z 村婚嫁情况与生育模式

图 3-17 显示，Z 村苗族内部通婚仍然是一个普遍的现象，年轻人在 20 岁左右就与同族人通婚，婚嫁全部在本地的占 3.17%，部分外流的为 15.87%，不确定是指在一个家庭里存在着与外村苗族的通婚和与本村苗族的通婚。由此可见，Z 村的人员流动较小，社会稳定。当地有较高生育率的生育模式，几乎每家都有两个以上的孩子。年轻人一般在婚后一年之内就会生下头一胎，然后在接下来的两三年内会再生一胎。这种生育模式属于种群生态学中的 R 策略，有利于在不稳定的环境下，通过较高的生育率来适应突发的危机。

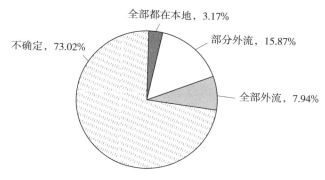

图 3-17　Z 村婚嫁情况组成

（七）女性身份与发展

要理解一个社区，女性无疑是一个重要的视角。本书结合多次在 Z 村的调研，根据村寨里各家各户高度相似的特征，试图从一个女性的成长过程来勾勒社区的剪影。这个女性并不是一个具体的原型，是从众多女性的经历中提取的一个代表，该研究部分得益于我们调查团队中女性研究人员与当地女性轻松与信任的交流。我们希望这样的表达不会冒犯任何女性或男性，也期待我们的努力可以帮助当地女性获得更多成长的机会。

案例：一个 Z 村苗族女性的少年时代

当一个女婴出生在 Z 村的苗族家庭，她最好祈祷自己已经有一个哥哥了，因为如果第一个孩子就是女孩，她和她的母亲都会承受来自他人的失望的眼神；但如果她已经有了一个哥哥，家庭对她的性别就不会有太高的期待，男孩或女孩都可能受到欢迎。不过，如果她只有姐姐，而且更可怕的是有好几个姐姐却没有哥哥时，她的出生很可能让人徒增失望，她的母亲会被家人批评，被认为无能或有问题，就因为不能生一个男孩。

虽然她到了小学的时候才可能听到重男轻女这个词，但她很可能在小时候就已经感受到了这个社会的歧视带给她的伤害。等到初中进入青春期，她就能深刻且明确地感受到对女性的不公，例如，女性比男性更加不洁净，以致她的很多行为受到限制，不可以去一些许可男性去的地方。

她在学龄前通常会跟随长辈，尤其是祖父母辈一起生活，这要看她的父母外出打工时是否会把她带在身边，还是托付给祖父母辈代养。不过无论在哪里，她都会被按照对一个女性的期待而规范她的行为，例如，她需要比同龄的男孩更懂事、更听话、更勤劳、更温顺、更内向、更羞涩。此外，如果家庭中没有男孩而她又是长女的话，当家里缺少强壮劳动力的时候，她很可能需要主动承担起超过同龄男孩会承担的家庭责任，包括进行田地的耕种收获，也包括家务和养殖等。

到了学龄期，她会和同龄的男孩一起上学，父母并不会因为她是女孩而不让她上学，这归功于政府多年来对义务教育的强制推行和男女平等的反复宣传。尽管如此，仍有一些40岁左右的女性比男性所受的教育更少、视野更狭窄，对田地的亩数、产量、收入等数字不能熟练地理解和运用。这可能与她们在学龄时期没有得到与男性一样公平的教育机会，也可能与当时的社会风气认为女性不需要好好学习，学习也没有用处等有关。当她们成为母亲时，无论在社区中，还是在女性的形象中，都没有从政的可能。这种现象可能会对社区中幼年女性造成某种心理暗示，而且会从两方面加以巩固。一是更繁重的劳动量。Z村苗族社区的田间劳作是不分性别的，男性和女性都会加入玉米和土豆的种植、管理与收获之中；而养殖方面，女性则扮演了更重要的角色，如喂猪、养鸡、放牛等，虽然男性也会参与，但女性是完全无法脱身的，只有怀孕期间才有可能幸免；至于家务劳动，如做饭、洗衣、清洁卫生等，男性的参与度更低，女性承担了绝大部分的任务。最辛苦的应该是在上述劳作的同时，还要完全承担养育孩子的任务，在怀孕期和哺乳期中度过自己身体最佳的 10 年。二是对经济权力的失控。Z 村苗族社区的大多数家庭都是由男性户主管理财产并负责支配资金使用，安排家庭的生产和生活，只有极少数家庭是女性负责管理钱财。作为一种社会惯例，女性的经济权力较弱，而且会自觉地将支配权交付给户主。

这种社会生活秩序中的女性对努力学习以改变命运没有多少期待，而且就她们目之所及，哪怕是女大学生的家庭也仍然由男性掌握，所以这样的期待不仅不可能，而且无意义，甚至是一种大逆不道。她们在电视上看到的大都是都市言情喜剧，无一不以回归传统秩序为结局。然而，即便她们学习的动力和意愿并不强烈，她们还是会在成绩上领先同龄的男孩，特别是她们同一个社区的苗族男孩。这是因为男孩比她们拥有更多的自由，见识过外出打工的兄长们带回来的形形色色的东西，让他们一心只想尽快完成漫无止境的学业，早日到社会上去打工，从而可以购买那些看起来非常令人眼红的东西。所以，男生更多将精力用于淘气、打架、玩耍等，逐渐落后于女生。但他们并不在乎，认为男生似乎就应该这样，乖巧属于女性，男性更应该外出闯荡。

小学期间，Z 村的苗族女孩会在家附近或每天步行两个小时去上学。如果原来附近的一个完小变成初小，高小的学习将是一个辛苦的旅途。每天课程结束后，她回了家一般不会玩耍，而是带上竹笼和镰刀，和小伙伴们一起上田间地头去收割牧草（喂猪需要比较嫩的牧草，喂牛可以用比较老的牧草）。过去，牧草不好找，因为每家的田地有限，能够进行种植的地方都已套种了玉米和土豆或玉米和红豆，无法种植的地方才能采集牧草。现在，由于不少年轻人外出打工，20 世纪 80 年代开荒的土地又被抛荒，生长出茂盛的野草。如果是自家的地，可以买来草籽撒下去，就能长出高达80厘米的草。因此，不费功夫就能带回家一竹篓的牧草帮母亲喂猪喂牛。而后，她可以休息一下，如果想看一会儿电视也可以，不过如果用这个时间写作业最好，否则就只能留到晚饭后写了。

苗族居民家的餐桌上大多以白米饭为主食，有时用煮熟的剥皮洋芋（土豆）蘸辣椒酱当主食，酸菜红豆汤是每顿饭都必备的一道菜，红豆和酸菜都是自家地里种的。一般来客人的时候，会把过年杀猪时留下来的腊肉用油煎了，再伴以佐料炒制。玉米粒可以做菜，不过只能是比较青嫩的玉米，如果已经完全成熟就不行了。在夏季，还可以找一些卡皮瓜、丝瓜或辣椒做菜。虽然卡皮瓜和丝瓜绝大多数都是用来喂猪，但人也不拒绝偶尔食用。

晚饭后，她可以看电视，频道虽不多，但只要有几个动画片就可以了，不然各种电视剧也行。她不需要和家人进行过多的交流，家人也不会关心她在学校的情况，似乎既然她已经上学，学校就应该全权负责她在校期间的一切事宜，家里保证她的吃穿即可。除非她的母亲曾经热爱学习，却因为种种原因不能完成学业，那么她可能会得到更多的关注，这对一个小女孩来说显得尤为重要。

如果上了初中住校的话，那么每周只有周末才能回家，以致她和家人的关系逐渐疏远。而家人也没有觉得这是什么问题，因为大家都是这样。这个社会中的人们羞于进行日常的情感交流，彼此间对爱的表示也难以启口，似乎只有青春期的小男生和小女生才会傻乎乎地玩这种把戏。她没有目睹过父母之间用言语表达爱慕，也很难从家人处得到身体上的爱抚。如果初中不住校，那么每天都要用100分钟往返学校。

因此，当她敏锐地注意到身体的变化之前，她已经是一个对人际情感过度敏感的社会人了。她很快会在自己的小伙伴之中听说某某喜欢某某的传言，随即她也会加入传言之中，并暗暗期待且最后肯定会实现的一个关于她自己的流言，这种过早的且过于敏感的感情意识会使她降低对学习的专注度。当然，学习很可能还是一如既往的无聊。她的老师未必真心热爱教学，只不过作为教师不得不进行必要的教学工作，哪儿还有多余的精力关注她呢？于是，她在初中阶段就已经开始了一段传言多于行动的爱情，如果这种感情可以被她们自己所期待的那样称为爱情的话。如果条件具备，这些住校的莽撞年轻人之间发生性行为也不是不可思议的事情。

苗族社区的大部分孩子都会完成初中教育，也有小部分孩子会在初一或初二时就弃学去打工。初中毕业后，凡是可以考上高中的孩子都会去读高中，高中在大约 200 千米外的县城，其他人就会选择技校或中专。例如，2014 年有 120 个初中毕业生，男女各半，其中有 50 个孩子去继续读高中了。这个比例在我们调查的 Z 村极低，除了 1949 年之前曾培养出一个博士、20 世纪 70 年代培养出一家姐弟两个大学生之后，Z 村再没有一个孩子完成高等教育，2016 年也只有两个孩子上到高中阶段。高中阶段的男女比例虽然总体上一样，但学习成绩比较好的前 10% 中，男生占优势。很多孩子到了这个阶段开始思考理想，希望好好读书，改变命运，谈恋爱的比例会有所下降。

案例：想做医生的姑娘

Y 是这个苗族村庄最近 40 年来唯一的女性高中生。Y 家里没有男孩，只有一个姐姐和一个妹妹，都在读书。姐姐在职校学习幼教，实习后参加了 2016 年的高考，考上了大专，专业是幼师。妹妹在职业学校已经学习了半个学期的服装设计，她也希望在职业学校毕业后继续大专的学习。所以，这个家庭在这个苗族村庄显得卓尔不群。

因为没有兄弟，Y 可以感觉到村寨中的人对自己家庭的偏见，特别是父亲的身体健康每况愈下，家庭的收入越来越少，开支却越来越大，她不得不加入家庭的生产之中。每次放假回家，她都会帮忙干各种农活。她可以用传统的牛拉犁的方式来犁地，这是一项非常需要技术和体力的农业活动，既需要驾驭牛，又需要平稳地保证犁的地深浅一致、不偏左右。

Y 在同届 2000 名高中生中的排名是 100 左右，由于不是当地最好的高中，这种成绩不能保证她考上重点大学，但可以上一个普通的本科学校。她希望可以从事医疗工作，虽然她并不十分明确自己学医的目标，也没有非常强烈的从医意愿，但拥有这样一个目标对一个 40 年没有出现高中生的村庄已经代表了某种可能性。这种可能性假使有一天成为现实，那么对其余的孩子将会是具有传染力的事件。

Y 说，如果不能从医，她希望从教，考上师范类学校，做一个老师。这对一个深山苗寨的孩子来说，也是一个饱含希望的未来。

案例：古歌奶奶

王某是一位 70 多岁的苗族老奶奶，她记不得自己的年龄，这在当地非常普遍，年不是他们用来计算年龄的单位。王耳聪目明、手脚灵活、很少生病，在当地苗族居民中很少见。她不大听得懂普通话，但可以听懂当地的汉话。

王是通过别人介绍认识自己老公的，介绍人是他们的父辈。他们认识后，彼此都很满意，就告知了双方父母。双方父母经过见面交流，同意他们结婚，然后就订了婚。订婚后三四个月，他们结婚了。那年，她 18 岁，他 17 岁，婚礼按照传统的苗族风俗持续了两天。王的娘家在八区附近，距离 Z 村走路要 4 个小时，年轻时每年都可能回去，但不在过年这样的节日。父母去世后，她就极少回去了，十几年里只回去两三次。

王的一生有 3 个孩子，最后只有一个男孩（1965 年出生）存活下来。3 个孙女出生后，她带大了长孙女，次孙女由其外婆带，小孙女是父母带。她的一生种过各种作物：玉米、燕麦、小麦、土豆、苦荞、甜荞；她小时候荞麦种植得最多，其余都差不多。荞麦当时种在山上，后来山地种树，就不能种荞麦。后来玉米种得多了，燕麦和小麦都不种了，因为收成不如玉米。她说，很早以前可以大群地饲养绵羊和山羊，现在也不能养了。还养过纯黑毛色的猪，那才是苗族传统的家畜。过去养的也都是本地牛。本地鸡都是自己孵化，品种不同。气候没有明显变化。

王会唱苗语古歌，是小时候由苗族老人教唱的，当时只要愿意，男女都可以学。她嫁到 Z 村时，这个寨子过去会唱的人都去世了，她就开始教唱，只要有人愿意学，她都教，前后教了 30 多个人。这些人都活着，而且学得很好，其中的女性都已经嫁出去了，但 1990 年之后出生的人就没有乐意学唱古歌的了。她仍然记得很多苗族古歌，也愿意让别人录像，但迄今为止没有人来录像。她告诉我们苗族古歌是如何学习、如何传承的。

案例：外来的媳妇

hf，女，1968 年生，外地苗族，娘家到 Z 村走路需要 6 个小时。hf 和她老公年轻时都在外面打工，并没有太多考虑婚姻大事，所以 1996 年他们结婚时，她已经 30 岁，她老公 34 岁。她和老公是通过同一个苗族社区嫁过来的女性介绍认识的。当时，她老公带着礼物，由她同一寨子的朋友带着去的她家。既然孩子们已经同意，父母也就同意了。结婚是在两年后，头一年确定关系，第二年预备婚礼。婚礼是传统的苗族婚礼，但比较简单，只有两天，娘家1天，婆家1天。婚后生了3个女儿，分别在1997年、1998年和2000年出生，现在都在读书。

她嫁过来之后，两个人没再外出打工，就在家务农、照顾孩子。她家现在有8亩左右的耕地，还养了3头猪和2头牛（2016年）。她基本不会普通话，但会当地的汉语方言。身体健康情况还可以，有当地人常见的风湿病，但地氟病的影响并不明显。小时候曾有人教苗族古歌，但她没有学，现在老了，感觉学不会了，而且家务繁重，没有时间学。她特别想念出去读书的孩子，但又不能不让孩子去。如果孩子将来在外面定居，她还是希望留在当地，看守家业土地。

四、本章小结

（一）Z村苗族社区的增收潜力与脱贫愿景

在开展调研工作的2016年和2017年，Z村正紧锣密鼓地开展脱贫攻坚战，计划在2~3年完成国家的脱贫任务。

有研究指出❶，"乌蒙山区集革命老区、民族地区、边远山区、贫困地区于一体，是贫困人口分布广、少数民族聚集多的连片特困地区；乌蒙山区生活环境恶劣、自然灾害频繁、基础设施薄弱、人力素质相对较低，是中国西部最严重的连片贫困地区，

❶ 速韬. 乌蒙山片区政府间协作问题调查研究［J］. 时代金融旬刊，2012（11）：143-146.

被形容为'走不完的大山，看不完的辛酸'。乌蒙山区恶劣的自然条件，是乌蒙山片区难以致富的先天制约；落后的基础设施，使乌蒙山片区错失发展的良好机遇；滞后的产业发展，使乌蒙山片区缺乏脱贫的有力支撑；短腿的社会事业，使乌蒙山片区陷入贫困的恶性循环，具体表现为片区经济社会发展总体滞后，基础设施薄弱、经济发展方式粗放、资源利用效率低、开发程度低和创新能力不足。"

现有条件下的短期增收主要是依靠国家扶贫项目的投入，特别是各种扶贫项目开工后，乡政府所在地仿佛一个大工地，四处建房。Z村由于注入了扶贫资金，也统一盖了新房。当地苗族居民作为雇工，可以参与建设，获得显著的现金收益。

中期增收也多以国家的扶贫项目为主，特别是一些中药材种植项目。乡里目前已建立黄芪、天麻、半夏、党参等种植基地，力争用这些商品药材增加农民的中期资金收入。与此同时，也开发了大面积的土豆种植基地，试图以标准化的规模种植形成足以外销的商品土豆。

苗族社区具有封闭性特征，当地自然条件和气候条件恶劣，交通不便，缺乏明显的增长点，所以长期增收的难度较大。本书的研究团队认为，教育很可能是长期改变当地贫困的主要方法。当然，教育不能以应试为导向，而应以学习和适应能力为导向，在传承苗族社区自身的传统文化知识的同时，兼容并包，吸纳外界的信息、技术、资金，充分发挥自身的优势，改善贫困的处境。

（二）气候变化背景下的大花苗族社会生态系统恢复力分析

1. 农户尺度分析

农户是Z村苗族社区的基本单元，是社会生态系统的一个行动者，在一家一户合作互动的基础上，形成了社区的自组织。

　　近 20 年来，随着经济总体发展的提高，当地居民的整体生活水平不但没有明显提高，甚至还有所下降。我们采访的 63 户居民中，有 42 户表示生活质量和满意度明显下降，5 户表示生活质量有提高，其余表示基本与以前持平。这一结论具体表现在社区居民年终留存收入的降低。据社区居民反映，收入扣除家庭必要的支出、子女教育费用以后，留存的收入普遍在 1000~2500 元区间，只有 5 户打工家庭这几年的留存收入超过 3000 元。社区居民认为他们的生活方式和娱乐方式在 20 年间并没有太大变化，但由于农作物产量下降、可耕种土地变少，他们都是迫于生计压力才离家外出打工，需要付出比以前更多的劳动来供养家庭。从社区居民的角度来说，传统的生产方式比现行的生产方式更为便利。

　　苗族社区居民的恢复力体现在自身的独立性上，即确保自身的生存优先性。用一个具体的案例即可说明这个层面上的恢复力问题。同样是上文提及的 M 领导，为了证明大规模种植的优越性、新技术的可靠性和新品种的商品性，于 2016 年初投资数千万元，承包了近万亩土地，集中种植高产土豆。按照他的期待，每亩最少可以产出 2000 千克，每千克 2.5 元，即可达到 5000 元，扣除各种成本后还可以获利 2000 元，万亩土地就能获利 2000 万元，平均到社区每个人头上，就可以一步脱贫。然而，人算不如天算，2016 年严重的倒春寒导致这近万亩土豆绝产，成为当地人的一个笑谈。这样的投资损失是 M 可以承受的，但对于具体的苗族农户是绝对需要避免的风险，因为 M 不会因为这次失败而受到生存威胁，但如果苗族农户颗粒无收，那么其生存就受到了威胁。因此，这种经济收入优先策略在苗族农户层面上必须让位于生存优先。苗族农户通过套种不同的农作物、偏好传统抗逆能力强的老品种、坚持喂养畜禽等传统知识，可以有效抵御一定程度的气候变化，不会造成明显的气候贫困。

2. 社区尺度分析

Z村苗族社区整体是以一种相对消极的方式去应对气候变化带来的挑战的。

一般而言，现行的生产方式对社区是较为有利的。从可持续性方面来看，村寨人口少量外流，减少了对当地自然资源的利用，种植中药材比套种土豆和玉米的土地利用强度小，有助于提高土地肥力，而土地的涵养有利于可持续性的提高。种植中药材不需要使用农药、化肥，有益于土地生产力的持续性。从经济效益来看，政府集中管理土地、低成本收购土地、种植有高经济价值的中药材、雇用当地村民，可以为他们带来更多的经济利益。从生态系统恢复力方面来看，大面积种植中药材的同时依旧保留原有的土豆、玉米等作物，基本仍能保证作物的多样性，对生态系统的恢复力不会有太大的负面影响。

实际上，苗族社区的社会生态系统就应该以相对消极被动的方式去应对气候变化，那些看似积极的应对方式，如缺水就抽取地下水进行灌溉、低温就采用地膜覆盖、缺肥就购买化肥、市场热卖产品就批量上马种植，都会严重损害社会生态系统的恢复力，而且只能在短期内增加收入，长期下去很可能是致贫行为。

故此，我们需要充分尊重社区在社会生态系统层面的自组织行为，只有进行深入的田野调查并对照附近社区的情况，才能更有效地提出合理的扶贫建议。

（三）大花苗族传统生态知识对中国及南方发展中国家的借鉴意义

大花苗族是我国苗族的一个支系，有自己悠久的历史和灿烂的文化，有属于自己的语言和文字，有自己的传统农耕方式以及传统知识。在全球气候变化的情况下，大花苗族能利用自己民族的传统知识来应对气候变化带来的影响，在尽量保持原有传统不变的情况下，改变自己现有的生计模式，利用自己丰富的传统农业知识和套种、间作等传统农业生产模式，合理利用自己的土地，在极端气候条件下依然能够保证农作物的正常产量，保证自己的生存所需，保证正常的生活、生产。

大花苗族对传统知识的运用显著提高了对环境的适应能力和生产、生活效率。传统知识是利用和保护自然资源的基础，提高对传统知识的理解有助于理解整个社会生态系统的运行规律，提高系统可持续性。大花苗族采取充分利用民间传统知识的策略，并加强对传统知识的保护和传承，这对我国及南方发展中国家的少数民族的长期发展具有一定的借鉴意义。

（1）地方社区作为一个当地的社会生态系统，具备应对当地气候变化的传统知识。实际上，地方社区对当地发生的气候波动具有长期记忆，而且通过试错方式在社会生态系统中积累了应对方案，只要发生同类的气候变化，就会启动相关的应对方案。

（2）能够识别这类应对气候变化的传统知识是一个巨大的挑战，因为它们经常被研究人员忽视甚至排斥，或被扶贫人员视为思想落后或愚昧迷信。这种看法很可能是对地方社区的片面认识，或仅以经济收入作为唯一标准。

（3）推广这类应对气候变化的传统知识需要两个社会生态系统之间直接互动，不能由专家或研究人员总结为文字材料，再进行推介活动。不同社区的学习方式不同，但大多数传统地方社区是不会以文字或多媒体为媒介进行学习的，而是需要面对面、手拉手地进行互动交流。

第四章　滇西北藏族社区以传统知识应对
气候变化的案例

　　相对于同一区域的其他民族，滇西北藏族的经济更富足、文化更自信、社会更团结、生态更健康、环境更友好。同样自然条件和气候变化处境下的藏族社区为什么可以具备更佳的可持续性？其社会生态系统对气候变化为什么具有更高的恢复力？有鉴于此，我们对一个藏族社区 J 村进行了半结构访谈，比较了该村2007 年和 2017 年的生计变化，探索其社会生态系统对气候变化的适应。研究认为，藏族社区通过其传统知识，适应了具有多变性的自然环境和气候条件，也较好地应对了技术变革和社会变迁对传统社区的冲击与干扰，保持着自身社会生态系统的恢复力。藏族社区在从生存优先到经济优先的生计模式转换过程中，采用原有的生计多样性形态，在功能转移的背后保留了其基本的社会分工结构。故此，该区域内的扶贫工作需要尊重其社会生态系统的运行规律，不能轻易照搬其他地区的模式，要因地制宜地进行脱贫设计，在不损害任何一方利益的前提下，实现社会、生态、文化、环境和经济的总体可持续发展。

　　本书的研究对象之一是位于滇西北的某藏族社区 J 村，属于滇西特困区。滇西边境集中连片特殊困难地区大部分位于横断山区南部和滇南山间盆地，不同于其余 13 个国家级集中连片特殊困难地区，滇西特殊困难片区是国家扶贫开发攻坚战主战场中边境县数量和世居少数民族最多的片区（图 4-1），这种"边境"身份和民族复杂情况使其面临着更独特的具体问题。例如，云南省怒江傈僳族自治州的国界线长达 449.5 千米，很多少数民族跨界而居。滇西边境特困山区涵盖云南省 4 个市 6 个自治州的 56 个县，占地面积 19.2 万平方千米，总人口 1751.1 万人（2010 年）。滇西边境特困区山高谷深，生态类型多样。高黎贡山、怒山、无量山、哀牢山南北纵贯，风景各异；怒江、澜沧江、金沙江和元江等江河穿越其间，各奔一方。滇西边境特困区海拔相差悬殊，最高海拔 6740 米，最低海拔 76.4 米，平均坡度大，立体气候特征显著。滇西边境山区地质与气候条件复杂，地震频发、气候多变，常见极端气候引起的泥石流和滑坡。此区域内农田面积少、质量低，且多在高山陡坡，不利灌溉和管理。大量耕地属于峡谷坡地，有效灌溉不足，且大多数区域无法人工灌溉，只能依靠自然降水。此区域内有成片的自然保护区禁止开发利用，进一步限制了经济的发展。当地农民采用广种薄收的传统粗放农业模式，如刀耕火种，在历史上曾经是一种重要的农业模式，但现在被认为是对环境的破坏，被严格取缔。❶

---

❶　资料来源：财政部农业司扶贫处，2012 年。

一、滇西的藏区

（一）滇西的自然地理

滇西边境片区位于北纬 21°09′~28°23′，东经 97°31′~103°38′，大部分地区属于横断山区南部和滇南山间盆地，年均降水量1100 毫米左右，森林覆盖率达 54.6%。区域内山高谷深，高黎贡山、怒山、无量山、哀牢山、苍山、云岭等山脉多呈南北分布，区域内少有平地，多以高原、山地及群山环绕的小盆地（当地多称为坝子）为主。山岭之间多有河流，怒江、澜沧江、元江、伊洛瓦底江、金沙江等数以百计的河流顺山势而流，由于落差大，河流多湍急，切割深，河谷多陡峭。

滇西连片区处于青藏高原和云贵高原的过渡接合地带，最高海拔为6740 米（梅里雪山的卡瓦格博峰），最低海拔为76.4 米（元江和南溪河交汇处），海拔相差达 6664 米，即便在一个局部区域，由于河流的切割作用等多种原因，也会形成较深的峡谷。其中最著名的是怒江峡谷、澜沧江峡谷和金沙江峡谷，山岭和峡谷的相对高差经常超过 1000 米，形成了显著的立体气候，并由于南北朝向不同而覆盖不同的植被类型。

2010 年末，区域内总人口 1751.1 万人，其中乡村人口1499.4 万人，少数民族人口 831.5 万人。有汉、彝、傣、白、景颇、傈僳、拉祜、佤、纳西、怒、独龙等 26 个世居民族，15 个云南独有的少数民族和 8 个人口较少的民族。人均地区生产总值为10994.1 元，人均地方财政一般预算收入为 736.3 元；城镇

居民人均可支配收入为 13558 元，农村居民人均纯收入为 3306 元。❶

研究地点 J 村位于喜马拉雅山系东部的横断山脉纵谷区，为高山峡谷地貌，主要是温带河谷气候（受季风影响），立体气候特征明显。该区域拥有多样的植被，从山脚的河谷到山巅的植被类型依次为干旱或半干旱河谷稀树灌草丛，亚热带山地常绿阔叶林和常绿针叶林，湿性与寒性针叶林，高寒灌木丛与草甸，高山流石滩及冰缘植被。

（二）滇西北的藏族社区

在滇西北藏区，澜沧江与金沙江仿佛两条项链，而附近的藏族村庄就是一颗颗宝石，被这两条碧绿而晶莹的江水串联起来。每个藏族村寨都各具特色，很难从中找到一个能代表其余藏族村寨的。如果用学术语言来表述，可以说，滇西北藏区社会生态系统具有高度的多样性。

从统一性上说，这是一块连续的空间，基本包括了云南境内的藏族主要居住区域，虽然还有其他民族世居此地，如纳西族、傈僳族、普米族、怒族、彝族、白族等其他少数民族和汉族，但在迪庆藏族自治州境内分布的藏族村寨基本上是连续的，因此，从景观生态学水平上可视为一个连续的种群。不同藏族村寨的藏语口音也具有差异性，但彼此仍可以交流，并没有语音导致的交流障碍。

其基本地貌也具有相对的一致性。三江并流地域山高谷深，气候生物垂直分带明显，下部是干热河谷，向上逐渐演变成寒冷的雪山，地域内动植物多样化极其明显。这一地区占中国国

---

❶ 滇西边境片区区域发展与扶贫攻坚规划（全文）[EB/OL].（2013-09-22）. http://cn. chinagate. cn/infocus/2013-09/22/content_ 30093093. htm.

土面积不到 0.4%，却拥有全国 20% 以上的高等植物和全国 25% 的动物种数。目前，这一区域内栖息着珍稀濒危动物滇金丝猴、羚羊、雪豹、孟加拉虎、黑颈鹤等 77 种国家级保护动物和秃杉、桫椤、红豆杉等 34 种国家级保护植物，是中国乃至全世界生物多样性的热点地区之一。

滇西北藏族社会生态系统具有复杂性和有机性。总体而言，滇西北藏族社区自成体系，相对于其他地区的藏族社区具有独立性。滇西北藏族社区由各个藏族自然村作为亚社会生态系统组成一个具有复合种群（metapopulation，又译集合种群）生态学性质的社会生态系统，而藏族自然村又是以传统的滇西北藏式大家庭为主要构成单位，所组成的藏族自然村具有超过藏式家庭的功能叠加效果，形成了新的功能。各个藏族自然村通过地缘、血缘、姻亲和宗教信仰等关系形成了复杂的网状联系，作为一个整体的滇西北藏族社区，虽然没有单独意义上的统一管理体系，但仍具有相对清晰的边界特征。这样的复杂性和有机性可能与滇西北藏族社区自身内部的多样性有关。

滇西北藏区社会生态系统多样性主要体现在其生态、生境、生计、生活上。一方面，滇西北的藏族来源多样；另一方面，他们与其他各民族长期而广泛地接触，学习借鉴了不同的文化传统。在不同的生境下，适应性地发展出各具特色的生计体系。因此，本次调研尝试从生计的视角来说明这种多样性。

滇西北的藏族主要分布在迪庆藏族自治州、丽江市、怒江傈僳族自治州，其中迪庆藏族自治州有藏族居民 129496 人，占当地人口的 32.36%，占当地少数民族人口的 39.63%；丽江市藏族居民 5199 人；怒江州藏族居民 1772 人（2010 年 11 月统计数据）。

滇西北的藏区具有较高的内部多样性。语言以藏语中的康方言为主，还有少量的卫藏方言。信仰上既有藏传佛教的格鲁派、噶举派、宁玛派，也有天主教，还有少量的苯教。生计方式上有以农业为主的、有半农半牧的、有以牧业为主的。居住位置有在高原冰川附近的，也有在河谷溪流旁边的，还有在山坡山谷之中的。建筑上会因地制宜地采用多种建筑风格，特别是部分地区在传统的平顶碉式建筑上大量采用玻璃暖房的新设计，别具一格。滇西北藏族社区在相对较小的空间尺度上能具有如此高的多样性，完全得益于复杂的地理条件和因地制宜的生计模式。❶❷

J 村是一个藏族自然村，位于澜沧江畔的半山腰，当地藏族村民传统上采用半农半牧的生计模式，到 2017 年改为半工半农为主。J 村海拔约 2400 米，年平均气温 11℃，主要种植荞麦、青稞、玉米、大豆、小麦等农作物以及苹果树、核桃树等果树，近年开始推广葡萄种植。2010 年，J 村农民的人均纯收入不足 2000元，现金收入以林下所产的松茸为主。

截至 2016 年 12 月，J 村有 30 户人家，不到 200 人，都是藏族。日常用语为藏语，部分老人懂藏文，大多数人通普通话，尤其是年轻人说得非常好。本次调查聘请了本村的藏族居民为向导，主要是为了取得当地居民的信任以及在村寨中尊重当地居民的生活空间。

J 村纬度低，海拔偏高，垂直落差大，耕地面积少，集体林面积大。但森林覆盖率低，裸地多，疾风骤雨后经常发生泥石流和滑坡事件，对畜牧业造成了较大的影响。但对农业的影响有

---

❶ 中华人民共和国成立时，迪庆境内共有藏传佛教寺院 24 座，其中格鲁派 13 座、噶举派 7 座、宁玛派 4 座。24 座寺院的分布为：中甸 3 座、德钦 17 座、维西 4 座，后来略有变化。

❷ 截至 1997 年底，全州开放活动的藏传佛教寺院共计 21 座，其中格鲁派 12 座：噶丹松赞林寺、噶丹德钦林寺、噶丹东竹林寺、噶丹羊八景寺、扎依寺（含原扎史取里寺）、扎加寺、则母寺、觉顶寺、布顶寺、茂顶寺、书松觉母寺（含原叶日ด褒）、衮斯寺（原东旺活佛别墅改建）；噶举派 5 座：承恩寺（哈批衮）、达摩寺（含原来远寺）、寿国寺、云仙寺（桑主衮）、禹功寺；宁玛派 4 座：云登寺、英主顶寺、拖拉寺、布公寺（资料来源：http://www.guxiang.com/dili/fq/fenqing/mingzhufenqing/xizang/fengqin(21).htm）。

限，因为当地人在选择开垦耕地时会考虑到这种气候可能导致的地质灾难，防止了问题的发生。

虽然当地山高路险，但由于政策扶持，村村修通了公路。当地藏族居民因具有较强的抵抗贫困的能力（本书关注的重点）而进行了资金的早期积累，还掌握了驾驶技术，很多家庭都购买了汽车和卡车，除少量自用外，多数拥有机动车的车主通过运输业来获取现金收入，商品化程度较高。

J村藏族居民在语言、文化等方面较好地保持了民族特色，在民族节日或婚礼、葬礼等重要场合上普遍会穿戴传统的民族服饰。

本书团队自 2004 年开始在当地社区进行传统知识的调查研究，具有良好的合作基础。本次调查因时间有限，只能根据本调查所设计的调查问卷，以半结构访谈为主的方式进行了简单的走访。虽然本次研究成果有限，但可以为更多的人开展深入研究提供参考。

（三）滇西北的气候变化与气候异常

受地势、地貌及气候因素的影响，滇西北地区具有垂直分布的 3 种生态环境：高寒地区，海拔在 2800～6740 米；山区，海拔在 2200～2800 米；河谷地区，海拔在 1486～2200 米。

根据德钦气象站的观测数据，我们可以看出当地温度上升较为显著，平均温度、最高气温和最低气温在过去几十年（1958—2015 年）每十年分别上升了 0.42℃、0.568℃、0.288℃；最高温度上升最为显著，说明日间温度上升速率更快，降水量和日照时数没有显著性趋势变化（图 4-1）。

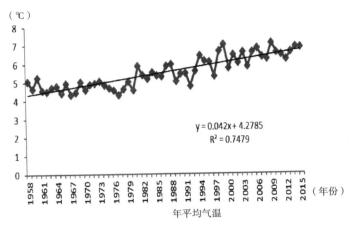

$$y = 0.042x + 4.2785$$
$$R^2 = 0.7479$$

年平均气温

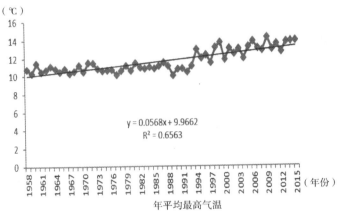

$$y = 0.0568x + 9.9662$$
$$R^2 = 0.6563$$

年平均最高气温

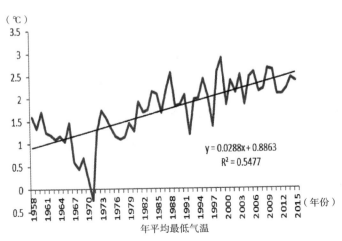

$$y = 0.0288x + 0.8863$$
$$R^2 = 0.5477$$

年平均最低气温

图 4-1　德钦站气象要素趋势

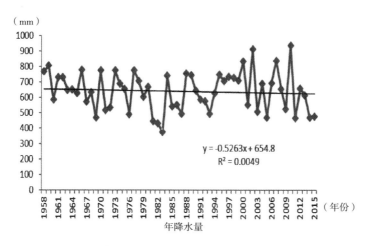

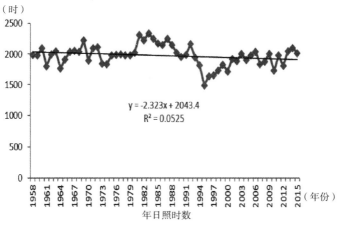

图 4-1　德钦站气象要素趋势（续）

二、藏族农牧间作社会生态系统的历史与现状

（一）滇西藏族的贫困与发展

截至 2010 年，滇西边境特困区处于 1274 元扶贫标准以下的

贫困人口为 157 万人，贫困发生率为 10.5%，高于全国平均水平 7.7 个百分点，高于西部地区平均水平 4.4 个百分点。按照 2300 元扶贫标准，2011 年滇西边境特困区内（不含腾冲县、丽江市古城区、普洱市思茅区、大理市和楚雄市）的贫困人口有 424 万人，贫困发生率为 31.6%，比全国平均水平高出 18.9 个百分点。2010 年，滇西边境特困区的人均地区生产总值相当于全国平均水平的 37%，城镇居民人均可支配收入和农村居民人均纯收入分别相当于全国平均水平的 71% 和 55.9%。当地农民收入水平低、来源单一，工资性、财产性和转移性收入所占比例不高。滇西边境特殊困难片区的农民人均纯收入比全省平均水平低 646 元，比全国平均水平低 2613 元。❶

付耀华和石兴安（2017）❷ 的研究指出，滇西贫困可以从空间贫困和绿色贫困来理解。他们根据"云南省人民政府扶贫开发办公室贫困户信息查询资料"（数据截至 2015 年 12 月），整理出滇西边境片区 10 个市（州）贫困户形成的 12 种致贫原因，即因病致贫、因残致贫、因学致贫、因灾害致贫、因婚姻致贫、因缺少土地致贫、因缺水致贫、因缺技术致贫、因缺劳动力致贫、因缺资金致贫、因交通落后致贫、因自我发展能力不足致贫。该研究通过分析滇西边境片区 10 个市（州）12 种致贫率来说明片区的"空间贫困"和"绿色贫困"的现状，计算公式如下：

致贫率＝（每种原因致贫的总户数/所有原因致贫的总户数）

×100%

在 12 种致贫原因中，缺乏劳动力致贫的致贫率最高，达到 32.1%；缺水致贫率其次，为 16.08%；缺技术致贫率为 10.74%；

---

❶ 滇西边境片区区域发展与扶贫攻坚规划（全文）[EB/OL]. (2013-09-22). http://cn. chinagate. cn/infocus/2013-09/22/content_ 30093093. htm.

❷ 付耀华，石兴安. 滇西边境片区"空间贫困""绿色贫困"精准扶贫研究 [J]. 创新，2016，10（5）：105-113.

因病致贫率为 10.48%。致贫率最低的依次是，自我发展动力不足致贫率 1.65%、因残致贫率 1.67%、缺地致贫率 2.5% 和因灾致贫率 2.64%。

由于滇西特殊困难片区规划内没有包括迪庆藏族自治州，所以该研究中涉及的藏族人数不足万人，不能从上述分析中的直接概括作为滇西藏族居民贫困的原因。但是，由于在同一个地理区域之内，各民族居民生活在相似的生态环境和生存条件之下，因此这些致贫因素对不同民族居民的影响应该具有相似性。然而，从实际的田野调查中可以明显感受到滇西的藏族社区相对于其他民族社区更加富足，最显著的差异从村寨中的家庭建筑就可以发现。藏族社区的建筑更加坚固，用材更好，装饰也经常显得富丽堂皇，家庭生活用具更美观。另外，藏族社区内随处可见的机动车也说明其经济情况比其他社区更好。

因此，本书并非要说明当地藏族居民的贫困情况，而是力图通过案例研究，发现在相似的自然条件下，藏族居民如何利用传统知识去适应当地的自然环境以及应对气候变化，从而比其他民族的社会生态系统具有更好的可持续发展能力。

J 村藏族的可统计人均收入仍然低于 2300 元的扶贫标准，这包含了几个问题，虽然是可统计的收入，但大多数的现金收入实际上都具有临时性，可能是建筑类按日发放的，也可能是采集松茸后销售所得，很难统计。可是当地的物价水平又比较高，2300元的国家标准不符合当地的实际消费情况。

J 村贫困与滇西边境片区的"空间贫困"和"绿色贫困"有关，包括以下方面：第一是生态环境脆弱。当地山高坡陡、裸地多，遭到破坏的植被很难恢复，而且在极端气候情况下容易引发水土流失、泥石流、山崩、滑坡等地质灾害，进一步恶化生态环境。恶化的生态环境恢复慢，导致那些主要依赖自然资源的半农半牧的村民致贫。第二是自然资源过度利用。当地藏族建筑偏大，建造用材多来自周边的森林，对森林造成了破坏性的影响。更大的影响来自取暖，在寒冷季节为了维持较大的室内空间的温度，需要从附近的山林砍伐薪柴，导致人地矛盾突出。第三是交通相对闭塞。J 村虽然距离公路干线不远，但远离商业中心，与外界之间进行物资和信息交流较为困难。第四是该地的经济基础有限，第一产业发展缓慢。❶

1. 概念解读

空间贫困，是指由自然地理因素导致的"空间贫困陷阱"。20 世纪 50 年代，哈里斯和缪尔达尔最早提出了"空间贫困"理论，之后很多学者把自然地理因素纳入贫困研究框架中，并提出概括贫困问题的"空间贫困"（spatial poverty）概念。空间贫困的特点可概括为四个劣势：一是地理位置上的劣势，即地理位置偏远、与社会经济隔离，很难获取基础设施和教育资源；二是生态上的劣势，即农业生态和气候条件贫乏，土地贫瘠、水利灌溉不足；三是经济上的劣势，因地处偏远、交通不便而导致市场连通性差，经济整合能力脆弱；四是政治上的劣势，即国家政策优惠缺乏，因地域广阔、环境恶劣，导致国家扶贫优惠政策可及范围呈现空间分割性，或者被认为是投资回报低下的区域而缺乏政策支持，发展处于自然或无序的状态。近年来，随着国家大力实施精准扶贫战略，这一现象已有所改善。

绿色贫困，是指那些因缺乏经济发展所需的基本绿色资源而陷入贫困状态，或拥有丰富的绿色资源却因资源开发条件的限制以致不能很好地开发利用，于是，当地经济得不到充分发展而陷入贫困状态。亦即片区的绿色植被缺乏生态屏障保护禁止片区开

---

❶ 联合国：《联合国气候变化框架公约的京都议定书》，1998 年。

发，从而导致一贯依赖资源的人们陷入贫困；或者虽然片区拥有丰富的绿色资源，但是滇西片区的地理区位差，交通不便，从而制约了绿色资源的开发，出现富有中的贫困或"捧着金碗讨饭吃"现象。绿色贫困的特征是，位于承担着水源涵养、水土保持、生物多样性的重要生态保护功能区，处在地形复杂、山大沟深、自然灾害频发、土地资源缺乏、洪涝灾害频发、生存环境恶劣的地区，资源开发方式落后，经济发展缓慢，一般的生产方式很难带动区域发展、扶贫成本高、扶贫难度大、返贫率高，常规扶贫措施很难脱贫致富。

资料来源：付耀华，石兴安. 滇西边境片区"空间贫困""绿色贫困"精准扶贫研究［J］. 创新，2016，10（5）：105-113。

2. J 村社会生态系统简史

J 村的政治体系在 1952 年发生了转变，原有的政教合一制度消失，由人民政府进行管理。1958 年进行了和平土地改革，J 村的土地与森林权属发生了改变。1960 年前，J 村只有 9 户 30 多人，但政府机构的入驻、矿业的开发以及 20 世纪 70 年代初期一个为期一年的民兵师团集训对当地生态环境造成了不可逆的干扰。这个民兵师团需要消耗大量的木材和薪柴，这些都要从 J 村的神山获取，而当时的政策强调破除迷信，所以这个民兵师团有一个口号："看你神山神不神"。他们对神山予取予夺，仅一年就把 J 村的五座神山的生态破坏殆尽，动植物面目全非。

从 1958 年开始，工业对 J 村的森林也产生了破坏，大炼钢铁和开发矿场消耗了大量的森林。这些消耗对原本漫山遍野的森林仍然属于恢复力范围之内的干扰，如果没有随后更长期的深入干扰，森林在遭受了这样的砍伐后是有可能缓慢恢复的。

一个对 J 村生态系统造成态势跃迁的中期干扰是从 1976 年到

1998 年为期 22 年的林业砍伐。这次林业砍伐是一个地方性事件，为了将砍伐的木料运输出去，地方修建了一条从 J 村上方经过的公路，而修路的废弃物都堆砌在 J 村上方的山坡上，成为悬在 J 村"头"上的达摩克利斯之剑。2004 年的公路修葺，又一次把废石废料倾倒在 J 村的上方。

当周边树林被过度消耗、神山被突击破坏、森林被砍伐殆尽，自然的报复虽姗姗来迟，但还是如期而至。自 20 世纪 60 年代末期开始，每年都发生泥石流和山洪等自然灾害，而且年年增强。1983 年发生了有记录以来最大的泥石流，把道路、农田、民居等冲毁不少，以致所有的非农业单位都搬离了这个地方。1986 年的泥石流冲毁田地 60 亩，1995 年的山洪淹没田地 40 亩，2001 年和 2003 年的泥石流又毁了 40 亩土地。当地原本的土地数量就极为有限，这样的灾害对当地的返贫造成了显而易见的影响。

（二）农牧间作的生计模式

滇西藏族社会生态系统隶属于更大的藏族社会生态系统的一部分，因此其家庭的生计模式也体现了藏族传统的生计类型多样化。

由于藏族主要居住在青藏高原，因此传统的藏族家庭有 3 种主要的生计类型：

山谷定居农民：虽然山谷在藏区所占面积比例小，但因为适宜农作，所以供应了主要的粮食产量。藏族有一半人口居住在这样的山谷区域，主要经济作物有大麦和小麦，有时也有水稻。虽然山谷的地表径流或降水比高原地区多，但由于季节和水利设施问题，仍然缺乏灌溉用水，需要依靠气候条件来保障农业丰收。

半定居农牧民：这种藏族居民一般居住在可以进行农业种植的山谷或山坡地带，但因为土地面积有限，土地出产不高，必须结合牧业才能维持生计，是过渡型农牧结合的生计模式。本次调研的调查对象 J 村就属于这类的典型案例。

　　纯游牧牧民：主要分布于藏北、康区和安多，以放牧牦牛、马、绵羊和山羊为主。这种社区很可能位于高海拔平地，因气候原因缺少可耕种的土地，必须逐水草而迁徙，因而没有固定的居住地。

　　云南藏族生活区域复杂的地理条件使这 3 种生计模式同时存在，其中以半定居农牧民为主。值得注意的是，藏族社区的生计模式并非简单的地理决定论，而是地理条件和社会文化综合选择的结果。本次调研观察的一个事实是，在具有游牧条件的高寒平原、半农半牧的山谷坡地、适宜农耕的河谷低地中，藏族居民很可能优先选择峡谷坡地。而同等条件下，汉族居民会选择适合农业耕种的河谷地带。因此，这种半农半牧的生计模式不是一种被迫无奈的选择或是被其他民族驱逐的后果，而是藏族主动的环境选择，可以认为是通过传统知识对生境的理解和适应所做出的最优化抉择。

　　J 村曾经采用的是典型的藏族社区半农半牧为主的生计方式（2007 年），现在已转为半工半农为主的生计模式（2017 年）。这种间作的生计模式具有良好的抵御气候变化导致的气候贫困的能力。

　　本书部分研究人员自 2004 年开始在滇西藏区进行传统知识调查，2007 年开展了系统的藏族社区传统知识调查工作，主要关注其对野生药材、牧草、生态文化等方面的内容。本书的研究团队于 2016—2017 年回访了 J 村，对其生计模式进行了半结构问卷调查，主要关注其收入结构和对气候变化的感知与应对。

　　通过 2007—2017 年 J 村的生计模式的历时性观察对照，可以发现一个社会生态系统在发生了气候变化和技术变革的过程中产生了哪些改变，并且可以依据干扰和回应的方式来理解滇西藏族社会生态系统的恢复力。

　　根据本书的观察与对照研究，认为 J 村社会生态系统在 2007 年采用的是一种生存优先的农牧间作生计模式，到 2017 年则采用的是一种经济优先的工农间作生计模式。两种模式在结构上有相似性，保证了这个社会生态系统的某种稳定性，但目标上的差异性又体现了这个社会生态系统对外界干扰的一种应答。

（三）生产与生活塑造的藏族社会

　　由于生活在高山峡谷地带，藏族社区对高海拔环境和恶劣气候具有某种适应性。这种适应性反映在藏族的遗传基因中、生活习惯里和社会的基本单元家庭内部。

1. 遗传基因的适应

　　据生理卫生实验研究，人类适合生存于海拔 2000 米之下，一般来说，海拔每升高 100 米，大气压下降 5 毫米汞柱；海拔越高，大气压和氧分压越小，缺氧越严重。生活在平原地区的人通常只能适应减少 20% 的氧分压，超过此数值就会因人而异地产生身体上的不适，如头晕、无力、乏力。生活在 4200 米以上高原的藏族人的体内血氧饱和度只有低海拔平原人群的 80%，但通过血管扩张使血流速度加快，增强了血液向组织输送氧气的能力。另外，他们的饮食习惯也有利于适应高原，比如酥油茶和糌粑都是高原藏族人日常生活不可或缺的饮食。

　　藏族人对高原生活的适应表现在两个层面。首先，藏族人具有遗传特异性。青藏高原平均海拔 4000 多米，空气中氧分压是海平面地区的 40% 左右，紫外线强度也比同纬度的平原地区高出约

30%，生存十分困难。有研究表明❶❷，藏族人的体内大约有 7 个基因（MTHFR、RAP1A、NEK7、ADH7、FGF10、HLA−DQB1 和 HCAR2）发生了变异，这些变异的基因强化了血红蛋白运输氧气的能力，有助于藏族人在高海拔地区生存。例如，MTHFR 基因的变异可以提高藏族人身体中的叶酸含量。虽然高海拔带来了超过平原 30% 的高紫外线，而紫外线破坏叶酸，但是 MTHFR 基因变异导致的叶酸上升可以有效抵御紫外线对叶酸的破坏，是一种适应高原地区高紫外线的基因层面的微演化。之前的研究还发现，EPAS1 和 EGLN1 基因的变异会阻止藏族人血液中的血红蛋白浓度升高，从而降低高原疾病发生的风险。其次，藏族人的动脉和毛细血管更粗、血流速度更快，能为身体各器官输送足够的氧气，从而确保藏族人即便在超过 4500 米的海拔时，也不会出现高原反应。实际上，藏族人的日常耗氧量与海平面附近的人接近，这对氧分压只有 40% 的高原生存提出了挑战。凯斯西储大学（Case Western Reserve University）的辛西娅·比尔（Cynthia Beall）研究发现❸，藏族人血管内膜可以产生数量较大的一氧化氮，这些一氧化氮扩散到人体的血液中，随即转化为亚硝酸盐和硝酸盐，进而导致动脉和毛细血管扩张，促进血流速度加快。

2. 生活习惯的适应

除了从基因和生理层面去适应高原的环境，藏族人还从生活习惯方面去适应高原的独特气候条件。青稞做的糌粑和酥油茶就是两种重要的日常饮食。藏族人的血流速度是平原人的两倍，这

❶ SIMONSON T S, YANG Y, HUFF C D, et al. Genetic evidence for high-altitude adaptation in Tibet [J]. Science, 2010, 329 (5987): 72-75.

❷ YI X, LIANG Y, EMILIA H S, et al. Sequencing of 50 human exomes reveals adaptation to high altitude [J]. Science, 2010, 329 (5987): 75-78.

❸ BEALL C M, CAVALLERI G L, DENG L, et al. Natural selection on EPAS1 (HIF2alpha) associated with low hemoglobin concentration in Tibetan highlanders [J]. Proceedings of the National Academy of Sciences, 2010, 107 (25): 11459.

加速了新陈代谢，也容易失水，因此必须补充更多的水分。但大量的水分通过人体代谢，对生产和生活造成了极大的不便，酥油茶就很好地解决了这个难题。

藏族人家的酥油茶不仅是每天早晨的必备之物，也是每餐必备的重要环节。去藏族人家做客的时候，主人一定会拿出漂亮的铜壶、精致的木碗或瓷碗，为客人斟满酥油茶。客人喝到一半时，主人会立刻为其加满，以示对客人的尊重。酥油茶的基本加工方法是，先将茶砖（属于黑茶）用刀切成小块，再捣碎用水煮开，过滤茶渣后，将茶水倒入一个预先放好酥油和食盐的茶桶里。随后用力快速搅拌，使水乳交融，形成带有茶棕色的奶茶。然后倒入茶壶中，边热边喝。藏族人家每天早晨煨桑之后就是喝茶，以补充睡眠中损失的水分，也为新的一天提供能量。饮过数杯之后，最后一杯饮到一半，在茶中加入黑麦粉调成粉糊，称为糌粑。如果是在午餐时喝酥油茶，会加麦面、奶油及糖调成糊状热食。

当地的传统知识认为，酥油茶是当地生活的每日必备，可以防治高原反应，还可以抵抗干燥的天气和强烈的紫外线带来的嘴唇爆裂。特别是如果需要上山一天时间，就必须在家多喝几碗酥油茶，可以保证一天不会过于饥饿；还可以驱寒，不易疲劳。在日常生活中，寒冷时喝酥油茶可以驱寒，吃肉时喝酥油茶可以去腻，困倦时喝酥油茶可以解乏，瞌睡时喝酥油茶可以清醒。

3. 婚姻家庭的适应

研究人员要想在 J 村卓有成效地开展调研工作，就需要取得当地人的信任。一个陌生人如果进入这样一个熟人社会，会给社区居民带来很明显的紧张感，大家需要知道你是谁，从哪里来，要做什么；更重要的是，谁带你来的。这个带你来的人在某种意义上就是你在社区的保人，他的社会地位与社会资源对你在这里的工作都非常重要。

　　由于本书的研究团队在当地有 10 多年的工作基础，所以 J 村居民已经能够坦然地面对这种具有社会调查性质的走访。不过调查人员仍需要注意一些问题，特别是进行逐户调查时对家庭人口的梳理。

　　J 村的大多数居民是以大家庭形态组织起来的，一个大家庭可以包括 2~4 代人，也可能达到近 10 人。2017 年的一次入户访谈中，最先回答问题的一位中年男士因普通话较好且调查人员是男性，故优先和男性进行对话。询问到家中长辈时，令人吃惊的是，除父母之外，他妻子的一个叔叔也和他们住在一起，这在其他地区极为少见。经进一步了解，才知道这位男士是入赘的女婿，这个家是他妻子的原生家庭。当问及他妻子原生家庭的子女时，发现他妻子的兄弟去了一个相对较远的藏族村寨做了入赘的女婿，而他妻子将他召为上门女婿，这在其他地区更是少见。经更深入了解又发现，他妻子的姐姐也没有外嫁，仍然留在这个家中。另外，这位男士与他的妻子已经有 3 个未成年的孩子。

　　这种非同寻常的家庭结构让调查人员手忙脚乱了一阵，重新填写了家庭人口调查表。不过，这个家庭的独特结构也一目了然，如图 4-2 所示。

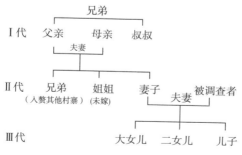

图 4-2　J 村调查某一家庭关系

（♂Ⅰ-1、♂Ⅰ-2+♀）

（♂II-1、♀II-2、♀II-3+♂）

（♀III-1、♀III-2、♂III-3）

以上括号内的 3 代 9 个人是现在的家庭成员。

一个家庭中有男性后裔仍然采用入赘方式招上门女婿，而让自家的男性后裔去其他社区倒插门，这使调查人员了解到一种具有地方习惯法性质的婚姻组织形态。

（四）基于传统知识的农牧/工农间作管理体系（2007 年与 2017 年相比较）

1. 生存优先的农牧间作生计模式（2007 年）

滇西藏族社区 2007 年时是以生存保障优先为基本生计模式，即 J 村居民优先确保必要的粮食生产，而后再通过狩猎、采集和畜牧来提高自身的安全保障。

据当地老人回忆，J 村在 1958 年之前主要种植荞麦和青稞，这些作物能够较好地适应当地的气候条件和地理情况，当地村民也较好地掌握了相对粗放的旱地作业模式。1958 年之后，J 村与其他民族交流频繁，引种了玉米、小麦和土豆，并成为当家作物，而青稞和荞麦的种植面积逐年递减，时至今日已经无人种植了。J 村还种植梨树、苹果树和核桃树等果树，近年受政府扶贫项目的引导，开始种植葡萄，供当地葡萄酒厂使用。

J 村的土地按照灌溉方式可分为水浇地和旱地，早期还有一些轮歇地，现已荒废。水浇地是当地最重要的农耕土地，因为可以利用引水渠进行灌溉，能够较好地保障收成。J 村有水浇地 75 亩，按作物产量又可以分为上、中、下三等。由于这些土地靠近村庄，海拔在 2200~2500 米，可以实施一年两熟的轮作模式，藏历 4 月种玉米，藏历 11 月种小麦。旱地是山坡上无法引水灌溉的土地，有 86 亩，基本种植土豆。每家都会利用靠近住宅的菜园种植少量蔬菜和大豆，满足人畜需要。

2007年，J村有30户人家，约160人，人均土地约1亩。由于亩产偏低，因此玉米和小麦的产量无法满足村中的生活所需，但足以防止发生饥馑，故村民会购买粮食而不会出售粮食。购买粮食的现金主要通过其他副业获得，如采集松茸等。

J村土地面积很大，但多数是不适宜耕作的土地，可能是因为温度、降水、日照、土壤等多种因素而无法开垦。故此，J村在传统上采用了农牧间作的基本生计结构，这也间接对J村的婚姻结构产生了复杂的影响（详见后文）。

在畜牧业方面，J村主要饲养适合当地自然条件的犏牛（黄牛和牦牛杂交一代是犏牛）、猪和山羊。以往，每个藏族家庭一般都有五六头犏牛、三四头猪和数十只羊，为家庭提供生产与生活所需要的肉、奶、酥油、毛皮、农家肥等。进入21世纪以来，受气候变化和经济变革的影响，当地畜牧业急剧萎缩，高山牧场已经废弃，只有两三家人还在饲养山羊，犏牛数量快速下降。到2005年，J村有犏牛135头、山羊427只、猪150头。

犏牛和山羊通常以山区放养的方式来进行管理，猪可以通过圈养和散养结合的方式在社区内进行饲养。因为J村周边的土地已经开垦作为农业使用，而牛羊数量较大、食量惊人，如果采用圈养的方式，所需的牧草不仅超过了J村周边的生产能力，也超过了当地人的劳动能力，所以只能让牛羊自己在山上找草吃，既充分利用土地，又节约劳动力。

J村的放牧场地按照不同海拔和使用季节分为春秋山坡牧场、夏季高山牧场和冬季河谷牧场。当地藏语称春秋山坡牧场为"rumei"，意为"中间的草场"，位于海拔3000米左右的草甸和坡地；称夏季高山牧场为"rura"，意为"有雪的草场"，位于海拔4000米左右的高山草甸地带；称冬季河谷牧场为"rubo"，意为"家附近的草场"，位于海拔 2000 米左右、村落周围的山坡地带。当地牛类主要在这 3 个牧场之间迁徙放牧，羊类则集中在冬季河谷牧场放牧，每天傍晚返回羊圈。

（1）春秋山坡牧场。每年 3 月到 5 月、8 月到 9 月，牛类被牧放在 J 村的春秋山坡牧场。该区域是位于澜沧江河谷东岸、海拔 3000 米左右的草甸和坡地，共有 4 块。第一块藏语名叫"diere"，意为"四家的地"，据说是 J 村历史上 4 家奴隶主的牧场，面积有 400 亩左右；第二块藏语名叫"muqugunian"，意为"斜坡上的地"，面积有 900 亩左右；第三块藏语名叫"bazhonggu"，意思不详，面积有 50 多亩；第四块藏语名叫"gedaomu"，意思不详，面积有 70 亩左右。

（2）夏季高山牧场。每年 5 月到 8 月，牛类被牧放在 J 村的夏季高山牧场。该区域是位于澜沧江河谷东岸、海拔 4000 米左右的云岭山脉白马雪山的高山草甸，藏语名叫"jiabazhura"，意为"强盗出没的地方"，据说在新中国成立以前因交通不便和地形险要而常有土匪在此居住，面积约有 600 亩至 700 亩。

（3）冬季河谷牧场。每年 9 月到来年 3 月，牛类被牧放在 J 村的冬季河谷牧场。该区域是海拔 2000 米左右村落周围的山坡地带和澜沧江边的台地上，共有 3 块。第一块藏语名叫"gamudon"，意思不详，面积有 10 亩左右；第二块藏语名叫"chishapo"，意为"有核桃树的地方"，面积有 100 多亩；第三块藏语名叫"tongduibura"，意位"江边的地"，位于澜沧江边的台地上，面积有 60 多亩。

狩猎活动曾经是 J 村藏民的传统生计方式之一，但政府于 1994 年禁止狩猎并没收了所有枪支，狩猎活动从此退出了历史舞台。由于狩猎对 J 村生存优先的生计模式具有重要意义，所以是一种潜在的、有可能重新出现的生计补充。在 1994 年之前，贩卖麝香也是 J 村为数不多的现金来源之一。

自 1990 年以来，全球化也波及了当地，国际市场对松茸的需求带动了松茸的价格，原本偶尔采集的野生食用菌成为 J 村藏族居民经济收入的主要渠道。每年雨季（6 月到 9 月），J 村居民就三五成群地登山采集松茸。采集业与渔猎活动一样，被视为一种前农业活动，当农业或牧业成熟之后，就只能作为一种生产补充活动，或者在农业歉收之际作为一种备选生计行为。然而，在藏区与其他文化的交错地带，例如青海藏区、甘肃藏区、四川藏区和云南藏区，冬虫夏草、花椒、松茸和药材等采集业已经成为当地藏民最主要的收入来源，这的确是地方社区在气候变化和经济变化的情况下，在农业和牧业危机之中采用的一种应对策略。采集业并非只是简单的收集活动，它与传统知识密切相关，只有熟悉当地地理和相关动植物传统知识的本地人，才能有效地进行采集活动。滇西藏区的松茸采集收入已经成为藏民重要的收入来源，即便市场时有波动，但从 1990 年到 2007 年的 10 多年中，J 村每户每年平均都有 3000 元以上的收入。

在畜牧遗传资源方面，滇西藏族社区饲养了牦牛、黄牛、马、驴、绵羊、山羊、猪、鸡、猫、狗（包括藏獒）等畜禽，但几乎没有鸭、鹅等需要水面比较多的禽类。藏族对牦牛和黄牛有着异常丰富的传统知识。例如，我们在访谈中曾询问一位老牧民有多少牛的时候，他很难回答出来，通过翻译进一步沟通才了解到，当地人对公牦牛、母牦牛、公犏牛、母犏牛、公黄牛、母黄牛、犍牛（阉割过的公牛）有不同的叫法，他们没有一个笼统的牛的概念。所以，在问及当地人有多少牛时，他们需要将这些不同类别的牛进行分别计算，然后加起来，才能得出一个数字。不过，牛群的数量总是因生老病死等而不断发生变化，所以，很难非常确定地统计出某个地区准确的牛群数量，只能有一个尺度水平上的估算。

当地藏族居民对引进的奶牛品种也逐步形成了基于其在当地表现形状的传统知识。例如，关于饲料管理中的牧草选择，本书的研究人员之一就曾经在 2006 年发表了《云南藏族对牧草的认知和评价：迪庆州小中甸乡调查》（2006 年 2 月 15 日）。通过对滇西藏族的拖木南和支梯两个社区为期 10 天左右的调查，以及对中旺、其里提、大吹批和小吹批等藏族牧民的多次访谈，共整理出牧民对本地牧草的 6 种分类区别方法。①按采集方式的不同，牧草以被挖还是被割而分为两类。②按生长区域的不同，牧草被分为草坝、田边、田间、山坡和雪山上 5 种。③按海拔的不同，牧草被分为海拔 3500 米以上的和 3500 米以下的两种。④按草叶形状的不同，牧草被分为圆草与扁草两种。⑤按生长环境的不同，牧草被分为旱地和潮湿地两种。⑥按是否开花结籽，牧草被分为开花结籽的与不开花结籽的两种类型。

在滇西藏族社区的传统知识体系内，牧草优良与否并不是看其中内含的各种营养物质比例，而是以对牲畜的影响为标准。第一，对牦牛、犏牛和黄牛而言，是基于奶产量多少和酥油软硬与否两个标准来评判的。第二，对猪而言，是基于毛是否滑顺、肉质是否肥厚为标准的。常年在海拔 3000 米左右的平坝冬季牧场和村边草场放牧的牧民所认知的草就是生长在村子周围和平坝上的，在海拔 4000 米左右的夏季高山牧场放牧的牧民对雪山上的草则更为熟知。当地藏族居民对这两个区域的本地牧草有一个比较拟人化的理解，他们认为海拔 3500 米以上的牧草叶子呈圆形、营养较高，可以促进快速增肉，但难消化；而海拔 3500 米以下的牧草叶子呈扁形，虽然营养较低，但牲畜容易消化。母牛一般在吃过海拔 3500 米以上的牧草后会提高奶产量，做出的酥油也较硬。

云南省生物多样性和传统知识研究会项目成员与香格里拉高

山植物园的专家记录了有关滇西藏族社区牧草的传统知识，整理出 50 种牧草的乡土名称与科学名称，而且总结了当地藏族村民的牧草对比经验。与经常被报道的情况不同，当地藏族更喜欢这些引进的牧草品种。首先，这些国外的牧草品种 1 年之内可以收割 6 到 8 次，而本地牧草 1 年最多可以收割 1 次到 2 次；其次，吃国外牧草之前，每年 4 月都要发生倒牛、死牛、牛瘟等现象，自从吃了国外牧草，这些问题没有了；最后，直到藏历 10 月还可以割到国外牧草，11 月都有新鲜牧草喂牛，而本地牧草到藏历 8 月就基本消失了。对当地藏族牧民来说，本地的传统牧草品种在饲喂牛羊猪的营养效果上，部分可以达到国外牧草的水平。但由于这些牧草要么生长在海拔 4500 米左右的高海拔地区，要么数量稀少且生长缓慢，无法大规模收割，只能靠牲畜自己找吃，到目前为止无法进行人工栽培，所以从上述几方面来说效果又不如进口牧草。

据调查，高寒地带的天然草地每年每亩能收干草 60~120 千克，播种青稞后每亩可收干草 300 千克以上，如果选择中晚熟的青稞品种且土地肥水条件较好，那么每亩地生物产量可达到 500 千克以上，粮草比例大约为 1：2。鉴于滇西地区土地辽阔，人均土地面积大，其经济产量可观，所以这种同时满足粮食与畜牧要求的作物可以提供更多的人口承载力。

2. 经济优先的农工间作生计模式（2017 年）

滇西藏族社区 2017 年改为以经济收入优先为基本生计模式，即 J 村居民优先考虑增加货币收入，而后少量种植农作物来抵御潜在的生存风险。

其基本的农业种植模式仍以玉米为主，没有太大的改变，但缩小了玉米种植的面积，因为大量人口外出务工，所需的口粮不再从农田获得，而且当地藏族居民可以方便地购买到面粉或大米。除玉米之外，轮种或套种的作物也减少了，如小麦和土豆，主要是当地缺乏进行农田管理的劳动力。这些劳动力外出务工能获得较多的现金，不再需要通过套种方式获得作物出产。当地村民认为，一方面是极端气候的不稳定性增加了种植的风险，另一方面是外出务工更容易获得现金，进行农业种植不划算。核桃树和其他果树仍然得到保留，但作为收入的比例降低，更多是自用。唯一显著增加的是葡萄种植。因为附近有一个葡萄酒厂是当地的重点扶持企业，所以政府鼓励 J 村进行葡萄种植。然而，葡萄种植又带来了新的问题，例如，由于整个河谷地带进行了连片种植，导致了病虫害的暴发；当地居民没有葡萄种植的传统知识，对管理葡萄束手无策。可见，对一个传统社区来说，适应一种新的作物就需要时间和不断的积累尝试。

气候变化使当地畜牧业受到极大的冲击，大多数家庭放弃了牛羊的饲养，从而也进一步减少了对牛羊饲料的需求。在 2007 年调查期间，J 村多数家庭都有畜牧业的相关活动，最普遍的是在山区半游牧式地放养犏牛和山羊。因为这些牲畜在一年中的大部分时间需要随季节变化逐水草而流动，所以放养的牧民也多数陪伴着这些牛羊，不会每天回家住宿。但在比较寒冷的季节，就需要将这些牛羊进行圈养，此时主要饲喂的是牧草茂盛时期收割的牧草等。到 2017 年，J 村大多数家庭已经放弃了畜牧业，只有部分家庭仍有少量的牛羊，而且基本都是在村庄附近散养，每天都会将牛羊赶回圈内。家庭所需的酥油会从市场进行购买。J 村人认为当地畜牧业的改变是因为现在的气候不利于饲养牛羊，特别是很多牛羊在山坡上，如遇泥石流、滑坡等地质灾害，则受损较大。由此，很多家庭放弃了这种传统的畜牧业。

本书认为，除气候因素导致 J 村居民放弃畜牧业外，还有一个因素是劳动力的转移。原本从事畜牧业的劳动力是当地最方便转为输出的劳动力的那部分人，原本就没有被牢固地捆绑在土地上，而且在畜牧业活动中可能有更多的机会与更广泛的人交流，以致其社会属性更有可能利于外出打工。此外，外出打工在投入产出比上明显高于畜牧业，特别是运输业经常按次计算，随时可以有现金收入。

当地藏族家庭多数是大家庭，经常几代人一起生活，组成一个经济核算单位，在家庭内部进行劳动分工，半农半牧就是最典型的分工。半工半农是将原来从事畜牧业的劳动力首先转移出去，由农业的劳动力来保障家庭的粮食生产，这样即便务工人员不能赚钱回来，也不会影响家庭的基本生存。

外出务工人员可选择多种工种，各行各业都有，但藏族居民外出务工所选工种和滇西其他民族外出务工的工种有明显不同。藏族男性通常首选运输业或建筑业，而且并非只是简单地从事体力劳动，他们普遍拥有自己的货车，与朋友们结成团队，承接运输任务。他们从事建筑业一般都是负责管理施工的工头或操作机械设备的技术工人，而非从事没有技术含量的小工。藏族女性外出务工经常会选择旅游业、餐饮业、服务业等相对清闲的工种，而不是在生产车间的流水线上工作。

总体来说，藏族外出务工人员的待遇普遍比其他民族的情况好，个中原因还没有深入调查，但可以从以下几个方面来考虑。

（1）藏族人有良好的社会交往能力，懂得如何处理人际间的关系。藏族社会的自组织水平较高，有比较独特的节庆活动，可以广泛接触到更多的社会人群，同时又通过血缘、地缘和宗教等多种途径，建立了复杂的社会网络，这使他们在与其他人群接触时更为自信和主动，为他们获得收入较高的工种奠定了基础。再者，第一批外出务工者是从畜牧业转化过来的，他们往往头脑更活泛，善于把握机遇，也更容易尝试新鲜事物。

（2）藏族人有一定的资金积累水平，有意识对新的生产工具和生产资料进行再投入。相对于滇西的其他民族居民，藏族居民的资金积累水平较高，也有较好的投资再生产意识。藏族家庭的资金积累来自相对劳动力的富足。在其他民族的家庭组织形态（一夫一妻制）中，生活在生存保障边缘的家庭，劳动力仅够维持家庭的运转。而藏族的家庭中，富余的劳动力可以更早地积累起财富。另外，藏族分家的压力较小，所以他们不会将积累的财富迫不及待地投入住房建设之中，而会用于生产工具和生产资料的再投资，无形中就增加了他们扩大再生产的能力。

（3）藏族人有基本的生存保障能力，增加了尝试风险较高的新工种的机会。由于外出务工的藏族人很可能是家庭中原本负责畜牧业的那个劳动力，所以他离开家，家庭的农业粮食生产可以照常运行，不会对家庭生活的基本生存保障造成致命的影响。如此一来，外出务工人员没有了后顾之忧，就可能比其他人更愿意尝试高风险、高收入的新工种。

三、应对气候变化的传统知识

气候变化、文化变迁和技术变革构成了滇西藏区社会生态系统主要的干扰因素。尽管文化变迁和技术变革普遍发生在滇西边境片区的各个民族社区，但其应对行为和产生的后果仍有所不同，故此，这种差异主要应该归因到气候变化和传统知识的差异性上。

目前对滇西藏区气候变化与传统知识最重要的研究来自英国剑桥大学环境变化学院的安加·必格（Anja Byg）的论文《地方观念中的全球现象——气候变化在东部西藏村庄》，文章

分析了气候变化对滇西藏族生产生活的影响以及当地藏民的气候认知。❶

通过 2007 年的调查与 2017 年的重访，J 村藏民对气候变化的认知包括气温升高、极端气候、雪量变化、雨季变动、冰川消融、雪崩频发、湖泊萎缩、径流不稳、物候变化等几个方面。

鉴于滇西地区在地理形态、气候条件和植被类型上具有较大的多样性，居于不同生态系统之中的藏族人由此因势利导地发展出各具特色的传统生态知识，较好地适应了当地的具体生境。滇西藏族的传统生态知识是藏族居民在当地长期历史和社会发展中通过观察、实践与思考而形成的对当地社会生态系统的认识与理解，也包括对生物多样性的可持续利用。在应对气候变化的时候，当地藏族居民采用这种具有多样性和差异性的传统知识体系作为他们的主要思想资源，并通过实际行动去学习与适应新的情况。

滇西藏族采用传统知识应对气候变化主要体现在 3 个方面：其一是以传统知识来认识气候变化，这在现象上可以与追求精准的科学观测相媲美。而气候变化的不同归因途径带来了不同的阐释和理解，也就产生了不同的应对方式。其二是以传统知识来减缓气候变化。基于对气候变化的理解，藏族居民会以传统知识作为减缓气候贫困的手段来保护社区的生态环境，维护基本生存条件。其三是以传统知识来适应气候变化。对一些与气候变化相关的新挑战，藏族居民会采用传统文化提供的策略来有效应对气候变化，保护自身社会生态系统的健康。

气温升高是最容易得到 J 村居民认可的一种气候变化，最明显的是冬季着装的变化。还有就是原本夏季没有蚊子的地方，现

---

❶ 尹仑. 藏族对气候变化的认知与应对：云南省德钦县果念行政村的考察 [J]. 思想战线，2011，37（4）：24-28.

在也有蚊子了，这都是气温升高导致的后果。

极端气候是另一个容易引起 J 村居民共鸣的气候变化。他们认为近期的极端气候比过去频繁、激烈，而且直接导致了雪灾、暴雨、旱灾、泥石流等。旱季漫长，经常滴雨不下。而雨季的突发雨量又可能非常大，造成山体滑坡和山洪暴发。由于近年来持续干旱，干热河谷地区的主要植被灌木丛明显变得矮小和稀疏，覆盖率降低，果树产量也明显下降。

雪量变动对藏族雪山文化会造成直接影响，因为滇西藏区的很多神山都是终年积雪，是保护当地人类与生态的神明，所以对雪山的观察和降雪的观测就成为带有信仰和情感色彩的传统生态知识。J 村居民认为，当地降雪时间在最近十几年都有所推迟，雪线上升、积雪时间缩短、融雪时间提前。每年的降雪次数减少、持续时间缩短、降雪量小。不过有时又会突降暴雪，造成牲畜损失。降雪时间由原来的公历 10 月底推迟到现在的 12 月底至第二年的 2 月，甚至某些年份会出现几乎不下雪的异常情况，例如，2009 年冬季至 2010 年初春就完全没有降雪。过去，降雪后的积雪地带一般在海拔 2500 米左右，而现在这一海拔地带已少有积雪，雪线上升至海拔 3000 米；过去的积雪时间从 10 月持续到第二年的 3 月，约 6 个月时间，现在一般只持续两个月；过去融雪的时间在 4 月，现在是 3 月。

雨季变动也非常清晰。近年来，雨季变化主要包括 4 个现象：雨季开始时间推迟、持续时间缩短、结束时间提前、结束后的旱季间断性降雨次数减少。雨季开始的时间由原来的公历 5 月底推迟到 6 月底，持续时间由原来的 3 个月缩短到现在的两个月，原来的结束时间在 8 月底到 9 月初，现在 8 月初就结束了。原来在雨季结束后的干旱季节里，每一个月都会有一次间断性降雨，而现在则会出现几个月连续干旱、滴雨不降的现象。

　　冰川消融与雪量变动密切相关。冰川是当地高寒地带常见的自然景观，很容易就能察觉到它的变化。J村坐落在澜沧江大峡谷，两岸的梅里雪山和白马雪山分布着许多积雪冰川。在调查过程中，村民普遍认为冰川变薄、冰舌消失或后缩。

　　雪崩频发也是气候变化的后果之一。J村的夏季牧场位于高海拔的高山牧场，从事夏季游牧的村民注意到，以往7~8月天气最热的夏季才会发生雪崩，但最近几年的发生频次较高，且发生的季节也不再像原来那样固定，其他月份也会发生大规模雪崩，还往往夹杂着黑色的巨石滚落在高山草甸牧场上。这样的雪崩、泥石流和滑坡造成了不少牲畜的损失，以致很多家庭放弃了放牧的生计活动。

　　湖泊萎缩也被当地藏族居民视为气候变化带来的后果。J村附近的高山上星罗棋布地分布着许多高山湖泊，村民认为这些高山湖泊的面积在30年来逐渐缩小，水位也有所下降，有些小湖泊已经消失。据说20年前的湖面面积有两个篮球场大，现在已经萎缩得还不到一个篮球场的大小，只有在雨水最充足的季节，才能恢复部分面积，对J村尤为重要的神湖的面积也比10年前缩小了1/3。

　　径流不稳也是对当地农业造成负面影响的一个因素。J村有一条由上游积雪和冰川融化形成的河流，可以为J村提供饮用水和灌溉水，但近些年由于积雪减少和冰川萎缩，河流的水流量不能保持稳定。J村居民说："以前冬季的时候河水不会枯，夏季的时候河水也不会暴涨。最近10多年不一样了，冬天时水特别少，要上下村协调安排灌溉农田的用水，而且一般浇完地后，河里就没有水了，断流时间一年比一年长，10年前是10多天，现在达到20多天了。夏天时又有洪涝灾害，有时还带来泥石流，我们村的房子和田地都被冲毁过。"

J 村居民还观察到由气候变化引发的物候变化，树木发芽、开花和结果的时间随着气温反常的骤冷骤热也发生了异常变化。例如，村民玛旺吉介绍，在海拔低的自然村，桃花正常情况下的开花时间应该比海拔高的自然村早，但在 2006 年，海拔高的自然村异常炎热，桃花居然比海拔低的自然村提前开放。在中海拔地区的侧柏树林分布地区，10 年前树叶完全是绿色，现在红褐色的树叶逐渐增多。高海拔地区的高山牧场逐渐退化和萎缩，树木的分布线不断上移，森林逐渐向牧场扩张，原来生活在河谷区的野生动物如岩羊、土拨鼠、壁虎等，逐渐向海拔较高的地区迁徙。此外，气温不断上升也为一些外来生物的入侵和繁殖提供了温床，如一种藏语叫"真兴巴斯"的蚊子（意为"水稻田里的蚊子"）原来只生活在德钦县南边维西县海拔较低的产稻区，最近 5 年已经出现在包括 J 村在内的高海拔地区，其繁殖数量日益增多。

（一）传统文化与信仰

滇西藏族对气候变化的观察可以得出与科学观测相似的结论，但他们更多是从本地的传统文化而非全球范围的碳排放出发去考虑气候变化的归因，滇西藏族的传统文化和信仰为其减缓和应对气候变化提供了行动的基础。

当地与气候变化相关的气候灾害和农业气象恶化被当地居民认为是神山和神湖的行为。要解决这种气候变化，就必须理解神山和神湖的人性化特征。

神山崇拜是藏族地区盛行的传统信仰，滇西藏区就有 300 多座神山，其影响范围依据其信徒的时空分布被划为区域性神山、地方性神山和本地性神山 3 种类型。区域性神山如卡瓦格博神山，其影响范围超过滇西区域，其信徒遍布全藏区乃至世界多地；地方性神山有超过自然村寨的影响范围，但其信徒一般分布在滇西藏区之内；本地性神山一般仅是 1~2 个自然村的神山，甚至是某个家庭的神山，因此信徒人数少，信仰活动也少。例如，澜沧江畔的红坡村村民崇拜的神山排序是：以卡瓦格博神山为首的包括缅慈姆峰和布琼松阶吾学峰等在内的 13 座雪山属于区域性神山；地方性神山包括朱拉雀尼、贡嘎苯登和玛安诺姆 3 座神山，护佑着红坡行政村及周边的藏族社区，还有扎楠巴登等 4 座神山是专门护佑红坡行政村的；本地性神山是单独庇护红坡行政村里的 7 个自然村的，数量最多，有南珠传安都吉等 11 座神山。

神山和神湖的信仰为滇西藏族居民提供了一种社会生态系统的思维。在神山信仰之中，人类社会与生态环境并非二分的两个独立体系，而是一个统一体，人是一种生物，社会也是生态系统的一种组织形式，社会系统与生态系统都受神山庇护。神山具有人格特征，有自己的好恶，可以回应人类的祈求或挑衅，也可以一时兴起而赐福或降祸于社会或生态，其最主要的行为表现就是气候变化。

在滇西藏区，海拔、地形、土壤、植被等多种因素使藏民的生产、生活与天气紧密相关，气候变化影响着他们的生计模式、人身健康、财产积累和社会地位。当地藏族居民对气候有独到的见解，他们认为气候并非只是一种自然现象，还有某种需要通过神山信仰来理解的、更深刻的原因。滇西藏族居民不仅通过视觉，而且通过嗅觉和听觉来观察和预测气候的变化，当地的活佛、僧侣和村民可以通过观察天气条件，如云的形态、风的方向、雷的声音、雾的分布和晚霞的颜色等，体会到神山的意图。当地藏民还认为向神山祈求可以改善气候，例如，中噶丹红坡林寺中仍然保存着影响天气的信仰仪式，如向神山诵经和祈祷就可以产生人类需求的降水。现代气象学把气候理解为一个全球的、量化的和各种气象因子相互发生影响的系统，而藏族的传统认识则把气候看作一个地方的、定性的、人类与神灵相互发生影响的系统。

有研究人员指出，滇西藏族社区传统的气候观念是建立在神山信仰之上的，认为气候变化是由于人类的行为与神山的精神力量相互影响和交流的结果。如果出现了坏天气，特别是造成了生产和生活的不便，很可能是人类社会的不当言行触怒了神山，神山就用恶劣的气候对村庄和村民进行惩罚。故此，为了禳灾，就需要安抚神山，聘请活佛和僧侣举行正确的祭祀仪式，向神山表达歉意，并进行供奉、诵经和祈祷，用以消除神山的怒气，让它收回灾害，或者请求神山给予生产所需的天气。

滇西藏民将当地发生的气候变化分为"惩罚型"和"恩惠型"两种。

1. "惩罚型"的气候变化

著名的神山惩戒事件是 20 世纪末在当地发生的一次山难，那次山难中有多位人员遇难。当地藏民出于神山信仰，十分抵触有人攀登神山，但外来人员并不认可这种信仰，仍然要执意登顶。后来发生的山难事件，让当地人的信仰得到了印证，同时也强化了当地人对于冒犯神灵的恐惧敬畏之心。2001 年，迪庆藏族自治州人民代表大会正式立法，禁止那座神山的登山活动。

此著名事件是当地藏民用来论证神山信仰的不二之选，也强化了当地藏民对神山的信仰。他们绝对不能接受任何人攀登神山的峰顶，甚至在面对神山时，总是毕恭毕敬，不敢有丝毫的亵渎。对于本地性的神山，他们一般会在山顶建烧香台，每年新年去山顶聚会，作为一种社区祭祀活动，表达对神山的供奉。虽然可以在神山举办祭祀活动，但是不能有其他的冒犯言行，在神山狩猎、砍伐树木、挖掘、污染水源、开枪或大声喧嚣都是被禁止的。

随着藏区旅游的升温，越来越多不认同当地神山信仰的外地人大量涌到神山脚下，带来了物质和精神上的垃圾。当地藏民认为，这已经引起了神山长久的不满，因此通过气候变化来告诫世人。当地人认为明永冰川不断萎缩，冰舌后退且变薄，冰川频繁崩塌，都是神山发出的警告。

2. "恩惠型"的气候变化

为了保障人类的生活和社会的生计，当地藏民需要请求神山给予恩惠，只是祈求方式会因情况而异。

（1）为生活祈求。峡谷地带的滇西藏族村落自然条件较差，海拔落差大、坡度陡、立体气候明显、天气不稳定，村民们意识到长期大范围的旱灾或雪灾不只是一个地方的问题，因此会向区域性神山或地方性神山祈求。例如，红坡村祈求和供奉的对象往往是位于神山信仰体系顶端的卡瓦格博山神和第二级的朱拉雀尼等神山。

（2）为生计祈求。滇西藏民大范围采用的农牧间作体系对气候的依赖性比较强，当短期缺水或山洪暴发给当地的生计造成负面影响时，就需要围绕农业和畜牧业来祈求不同的天气。例如，红坡村在突发短期干旱或洪涝灾害时，村民们就聘请活佛和僧侣向神山举行求雨或避水的仪式，祈求和供奉的对象是神山信仰体系中第二级的朱拉雀尼等神山和第四级的南珠传安都吉等。

气候变化引起的气温升高必然会改变农作物的生长周期，打乱当地人长期探索、积累、运用、传承的农事节气规律，带来生产的混乱和收成的下降。村民鲁茸斯南说，当地以前有句谚语"正月的麦苗淹没一只鸡"，意思是正月里麦苗生长的高度刚好到一只鸡的高度，而最近几年正月里麦苗生长的高度足够可以"淹没两只鸡"了。麦苗生长的变化不仅会改变村民的农事安排，还会影响传统的民俗活动。例如，当地在春节期间开展的射箭比赛活动以往都安排在麦田里举行，因为此时麦苗刚抽芽，场地宽阔，经众人践踏可以促进麦苗分蘖，一举两得。然而最近几年，春节射箭比赛已经不能在麦田里举行了，因为此时的麦苗已经抽出三四个节，绝对不能再让人踩踏。

J村藏族居民有圣境信仰，包括神山信仰、神湖信仰和神河信仰，每年都会在这些地方定期举行祭祀活动。伴随着这些信仰，当地人对圣境周边的生态系统进行了较好的保护，从不会破坏其中的一草一木。神山上的一切都为神明所有，任何人不能轻举妄动，否则会遭到神山的报复。J村有5座神山，不仅庇护着当地的村民，还在生态上提供了社会服务。

J村有一个神湖，村民们相信这个高山之巅的神湖是水中最纯净的，不可受到污染和亵渎。神湖掌管降水，与农业相关，供奉神湖最好的方法就是保持神湖的洁净及其附近的动植物，这样，神湖就会回报J村风调雨顺、平安度日。

J村在历史上主要种植青稞和荞麦，与汉族交往后，开始种植小麦、玉米和土豆，并逐步替代了青稞和荞麦的种植。村民们在院落里还会种植蔬菜、大豆等作物，在村子周边种植梨树、苹果树和核桃树。有趣的是，由于核桃树都比较大，每棵核桃树都有自己的名字。近期有当地政府的项目支持，村民开始种植葡萄，为附近的葡萄酒厂提供原料。与此同时，泥石流等地质灾难所造成的当地田地等大量损失也使现有的土地种植越来越少。

（二）本土传统知识的创新和传承❶

当地藏民以传统知识应对日益严峻的气候变化，体现在减缓气候变化的危害和适应气候变化的改变两个方面。

我们通过对 J 村老年人的寻访发现，村民们已经意识到 60 年前很少发生的泥石流、滑坡等灾害现在正严重威胁着他们的生计和生存，但对于他们而言，减缓大区域范围内的长期干旱或气温升高无疑是困难重重，不过要想有效地影响小区域范围的气候条件还是有一些方法的。彼时 J 村的森林覆盖率更高、气候更宜人，此时的极端气候和地质灾害都与缺乏森林而引起神山不满有关，所以，除了祈祷和祭祀，J 村也开始了植树造林。核桃树是当地传统树种，为村民提供食用油和酥油茶中的风味，村民们现在一边保护好原有的老核桃树，一边在适合坚果生长的田间地头种植新核桃树。此外，村民们还按照老人对当初原始植被的记忆，在附近的荒山野岭上培育并种植传统的树种，并利用村规民约进行管理，防范牛羊啃噬，以保护种植的成效。

J 村的另一个气候灾害是山洪暴发，频繁出现的极端气候引发了雨季洪水的泛滥。J 村村民自发组织起来，用水泥和石头将容易发生洪水溃堤的地段的河岸进行了加固，并兴建了蓄水窖和引水渠，来确保农田的灌溉需求。

气候变化还造成了当地物候的改变，农时也随之发生了变化，J 村居民需要更认真地观察气候的具体改变来安排每年的农业和牧业生产活动。气温升高使播种期提前、农作物成熟速度加快、生长周期缩短，村民们不可能再按照传统的节律进行生产。对该村最近 20 年农事变化的统计发现，农作物播种和收割的时间

---

❶　尹仑. 藏族对气候变化的认知与应对：云南省德钦县果念行政村的考察 [J]. 思想战线，2011，37（4）：24-28.

较 20 年前明显提前，如玉米和小麦的播种和收割时间均比 20 年前提早了 20 天左右。据八里达村牧民的计算，现在向夏季高山牧场迁徙的时间比 20 年前提早了 20 天左右，即从 3 月底提前到了 3 月中旬，而从夏季高山牧场向冬季河谷牧场迁徙的时间也从原来的 9 月初提前到了 8 月中下旬。为适应变暖的气候，当地藏族居民减少了牦牛，增加了黄牛和犏牛等畜牧品种。此外，他们还对生计方式进行了创新，即将一些原来在低海拔和较温暖地方生长的作物，如水果、蔬菜、瓜类和辣椒等，引种到中高海拔的村子。葡萄历来只在海拔较低的村落才可以种植，但从 2003 年开始，J 村也逐渐将葡萄引种到他们这样海拔较高的地区。2007 年，红坡村这种高海拔的村子开始实验种植一些以前只生长在海拔较低地方的藏医药药材，并取得了成功。有的村子还凭借气候变暖，开发了冬季旅游项目，拓展了生计时空，丰富了生计内容。

（三）资源管理的习惯法

1. J 村用水资源的管理

J 村有一条从村子中间流过的河流，不仅可以灌溉农田，还为村民提供日常生活用水，就好像是他们的动脉一样。因此，如何公平合理地分配水资源就成为当地一个重要的资源管理问题。当地村民自发组织起来，将水分为饮用水和灌溉水两种类别，进行不同的管理。

J 村有 3 个用于饮用水的主引水渠，分别流向村子的左、中和右三个部分。当地坡度较大，村子基本沿河而下布局，这样的水利设计非常合理。在这 3 个主引水渠上，每家每户再接上分引水渠到各家。村民们制定了清理水渠的制度，每个月都按照 3 户一组的次序，轮流清理水渠。

对灌溉水的有效管理，J 村也有自己的习惯法。J 村分为上村和下村两个部分，在缺水时，规定上村人上午灌溉，下村人下午灌溉。如果同一部分的人需要同时浇水，则优先考虑最早引水过来的农户。例如，如果水流小，那么最先引水过来的农户先进行灌溉，他完成后，才按照次序继续灌溉。如果水流大，可以让多个农户同时灌溉，但必须保障那个最先引水过来的农户优先用水；如果后期水量不足，则需要排序靠后的家庭再从河流里想办法增大水量。

这种水资源的管理方法在一个只有 30 户的熟人社会中是非常有效的。当地流传着一句话："在下游喝脏水的人，没有疾病与堕落。而在上游弄脏水的人一定会有报应。"正是这种带有道德和伦理的习惯法才能在这样细微而敏感的水资源分配上，以最小的成本去有效地调节用水需求和供给匮乏的矛盾，而且维护了村民的和谐，强化了社会关系。

2. J 村森林资源的管理

J 村原本森林茂密，但历史上进行过大规模的林业砍伐。到 2007 年的时候，J 村周边已经很少看到巨大的树木，也没有成片的森林，泥石流、水土流失、滑坡等问题日趋严重，建筑用材、生产用林和生活薪柴都对残存的森林构成了致命的威胁。这种公共物品资源的便利获取造成了哈丁意义上的公地悲剧（The Tragedy of the Commons），而公地悲剧一般都被认为是所有权不明确，致使管理不到位。通常，国有化或私有化是解决公地悲剧的两种方案，但在实践中却都存在着巨大的问题。特别是在 J 村这样的环境内，国有化会造成村民们的生存危机；私有化不现实，也无法实现公平。这些森林提供的生态服务功能具有明显的公地性质，简单来说，如果一个家庭将自己的私有林砍伐殆尽，他仍然可以享有其他家庭私有林带来的生态服务功能，就仍然处于公地悲剧之内。因此，奥斯特洛姆分析认为，只有自组织的社区，才能有效解决这种公地悲剧问题，实现资源的可持续利用。

鉴于当地的森林主要是由男性进行采伐利用，所以，传统的男性组织（箭会）进行了讨论并制定了详细的村规民约。首先，他们对村子南北的两个山坡进行了划分，将北面山坡划分为禁伐区、生产用林区、建筑用材区和薪柴备伐区，南面山坡总体上则作为备用和缓冲的森林，比较灵活。南面山坡是建房用材的主要来源，还可以收集松毛和树叶作为积肥。如果北面山坡的林木资源入不敷出，那么村民约定从南面山坡进行砍伐和积肥，来恢复北面山坡森林的生产能力。南面山坡的薪柴砍伐时间基本限制在元旦到春节这段时期。

其中，禁伐区是极为关键的森林管理对象。之所以列为禁伐区，很重要的原因是，在该区域砍伐会造成严重的水土流失，并最后引发泥石流等地质灾害。但薪柴的匮乏以及当地习惯的用材方式比较粗放，村民们仍然习惯从禁伐区内偷砍偷伐，而且一次砍伐不会直接引发泥石流，所以难以管理。若是派专人管理，则成本过高；若是依靠个人的自觉性，则总会有投机取巧的人，而且要是其他人发现别人投机取巧，就会意识到自己吃了亏，也会采用同样的行为策略。针对这种管理成本过高无法实现，但不加管理后果更为严重，影响社区人身财产安全的现象，现代社会一般会从法律入手，提高违法成本。然而，社区不具备立法、司法和执法的能力，法庭处理这种一两次顺手牵羊式的薪柴收集也无能为力。

不过，一个社区可以在这种自然条件下生存，其内部一般都具有某种适应的潜力。J村的箭会组织发现，在他们的能力范围之内，甚至在现代社会的治理模式下，都无法解决这种矛盾。于是，他们采用了传统知识来解决这种类型的公地悲剧。其实，当地的活佛早就提醒过他们，这样乱砍滥伐是非常危险的，他们知道也相信，但他们仍然无法避免个人在这个社会生态系统中的揩油行为。后来，箭会组织出面邀请当地活佛举办了一次宗教活动，通过"日卦"（封山）将这个禁伐区封为神山，从此，这个区域的生灵都在神明的庇护之下，无人敢于冒犯。如果有人胆敢尝试，那么其他人会义不容辞地站出来制止，否则神明也会一同降怒。这种行为既采用了宗教机制，也利用了社会机制，让村民们从此坚决保护这片区域。

实际上，村民们对不是神山上的大树也抱有敬畏之情。他们砍伐树木之后，通常会向山神谢罪、祈祷，解释自己不得已需要砍伐树木的原因，祈求神明原谅而不要定罪。要用浮土树叶将砍伐后留下的树桩盖上，以表达尊敬。如果为了积肥需要树叶，则只能砍伐侧枝上的细树枝，不能砍伐树木的主干。用于煨桑的侧柏和香柏等树木以及结果子的树都尽量不去砍伐。

（四）藏族社区的自组织与适应性管理

J 村有传统的自组织模式，男性组织称为"箭会"，妇女组织称为"姐妹会"，专门负责村里的各种文娱活动和需要自发办理的事情，具备比较完善的运行原则和规章制度，村里 12 岁以上、65 岁以下的男女都是这两个组织的成员。这种自组织团体很容易在社会生态系统的可持续发展上贡献力量。例如，箭会能成为封山育林活动的组织和管理者，是与男性在社区内的传统分工有关，林业以及之前的狩猎一般都是男性的任务。

箭会和姐妹会曾经对周边环境、生物多样性、传统兽医药、民居等内容开展过调查，并且进行了历时性的比较和分析，还记录了有关神山、神湖的信仰和传说。基于调查，他们意识到保护传统文化和环境的重要性与必要性，由此制定了 J 村周边森林保护的规章制度、确定了松茸采集的规矩、组织村民在荒地上植树造林、清理 J 村附近的垃圾、邀请活佛对一个重要的禁伐区进行"日卦"封山，使之成为神山，任何人不能砍伐树木和杀生。对生产用材林和建材林及薪柴林制定了实用的轮歇规定，把对应的森林划分为 5 个部分，每 5 年一个轮回。

（五）气候变化与当地女性

滇西藏族女性在当地社区的分工主要是农业和乳业，主要活动范围在村寨及周边区域，因此，气候变化对她们的影响更为直接。

1. 极端气候对女性的影响

在极端气候发生时，女性很可能首当其冲受到影响。例如，2008 年 1~3 月，滇西北地区发生了暴雪灾害，3 月底，雪灾阻断了当地的道路交通，还掩埋了红坡村的青稞和麦子，造成了粮食生产上的损失。红坡村的益西拉姆（女）说："3 月份的时候，我家种的 5 亩多青稞和麦子大部分被大雪压死了，我在菜地里种的菜也完全被冻死，苹果树、梨子树、核桃树也被压断压倒了。大雪融化之后，我和我家女儿马上用竹竿把青稞和麦子秆竖起来，救活了一些，但家里也基本没有什么收成了，主要靠政府的救济粮和男人在外打工挣的钱，整个村子都是这样。"值得注意的是，在这里管理农田、菜地和果树的是一对母女，男性已经外出打工，受到这场雪灾的影响有限，而且她们代表的是全村寨的情况。不过也可以看出，男性在外务工成为应对气候变化带来的气候灾害，防止气候贫困的一种重要方法。男性可以通过在外出售自己的劳动力为家庭带来经济收入，但女性的农业产品大多数都直接用于消费，并不能体现为货币。女性为数有限的收入主要是来自核桃的销售，而极端气候很可能让这最后的现金收入也难以保证。

同年 4 月底，雪灾后的积雪融化产生了大量的地表径流，对本来已经非常脆弱的山体进行了冲刷，造成了 10 余条滑坡地带。红坡村多年来对滑坡已经习以为常，也积累了丰富的传统知识，对那些危险地带都避而远之。此次虽然没有直接的人畜伤亡，但为了应对融雪后的洪水和泥石流，村民们组织起来构筑河堤和石头挡墙，防患于未然。紧接着，5 月初又连续多日降雨，酿成两次规模巨大的泥石流。当地留守的劳动力，无论男女老少，都一起去救助受到泥石流冲毁的家庭。这种极端气候迫使女性极大地透支了体力，在灾后普遍出现了妇科、关节肿大疼痛等疾病的症状。红坡村女村民群鲁说："雪灾过后又有洪水和泥石流，太累了。我的手脚之后就开始疼，关节也肿起来了，有人说是妇科病，有人说是关节炎。去县医院也看不好，现在还是疼，以后怕是做不起重活了。村里有好多我这个年纪的妇女都得了这种病，有些没钱看病就待在家里吃草药，也不见好。"

由此可见，极端气候对滇西藏族女性在劳动强度、经济收入和生理健康上都造成了比男性更为显著的影响。

2. 长期气候变化对女性的影响

不同于水灾和雪灾，旱灾往往是一个漫长的过程，甚至可能是经年累月的。滇西地区从 2009 年到 2013 年就经历了一场为期 4 年的特大干旱，对当地的生产、生活和生态造成了极其严重的影响，也间接导致了更多人放弃农业和牧业，选择外出务工。旱灾发生后，农业生产维持在一个很低的水平，大多数男性采取了以外出务工为主的策略，将剩下的农业工作都留给了村寨中的女性。因此，女性在承受长期气候变化的同时，还需要面对丈夫外出的尴尬。

滇西藏族女性在农业生产中肩负着农田、庭院种植、果树管理、乳业生产等家庭日常生活所需的重任，其中一个比较繁重的任务就是对水资源的管理与利用。虽然大多数村寨都建立在有水源的地方，但水的分布在时空上是不均匀的，如何有效地管理水资源，满足饮用、日用、灌溉、卫生和饲养牲畜等多方面的需求就成为女性必须面对的严峻考验，长期干旱的情况使作为留守劳动力的女性不得不投入水利设施的基础建设之中。红坡村的女村民永追说："最近几年不下雨，田地里浇水主要靠河水，每天都要去河的上游挖沟，把水引到不同的田地和菜园，然后还要挑水、烧猪食、喂牲口。比起前几年，现在要干更多的事，村子里每家都一样，住在上游的人家要好一点。这些事情都是由村子里的女人来做。"

3. 滇西藏族女性对气候变化的应对

藏族女性不仅要直接参与农业生产活动，还要负责村寨和附近的农业和乳业生产，这让她们积累了大量的有关气候变化的传统知识。例如，当雪灾严重时，藏族女性会周期性地把压在青稞和麦子上的积雪抖落，再用杆子将青稞和麦子竖起来。雪灾之后，藏族女性知道必然会发生融雪造成的洪水，需要及早进行防范。红坡村女村民丹珍勒此说："泥石流来之前，为了保护房子，我和全家人一起去拉石头，在房后面的滑坡沟和河边砌墙。我家还有些田地在河边，也需要砌墙保护。村子里只要是住在河边或有田地在河边的家庭都砌了挡墙。泥石流冲垮了我家在河边的挡墙，冲毁了两亩地。泥石流过后，我和全家人一起用了两个星期的时间清理田地，搬走田里的石头，再到山上挖土回填到田地里，然后再重新砌了挡墙。村子里有一家的房子和田地被冲了，我们全村人都去帮忙。"由于长期干旱，藏族女性都积极参与水利设施的建设之中，修筑用以灌溉土地的引水渠。红坡村女村民格玛取追说："干旱不下雨，我每天都得去挖沟，将河水引到田地里。靠近河边的田地倒是方便，离得远的就要挖很远。我家的

6亩地大部分离河边很远，所以我和女儿每天都要挖沟浇水。碰到最干旱的那几天，河水都不够全村浇，于是我们全村的女人就商量，住在上游的几家上午浇水，下游的下午浇水。"值得注意的是，J村的水资源分配是由男性组织"箭会"管理，但在红坡村，女性完成了这个水资源分配和管理的方案。

同时，为了有效抵御旱情，藏族女性也会从遗传资源水平去选择合适的作物品种，如选择耐旱的青稞、麦子和玉米等。红坡村的女村民群鲁说："我们村子里种的青稞有5个品种，有些耐旱、有些耐寒。这几年干旱缺水，我在种青稞的时候，就会选两种比较耐旱的。麦子和苞谷的种子主要从种子公司购买，选的时候也会注意一下有没有抗旱强的品种。最近几年气候热，我在自家的菜地里开始种一些辣椒、白菜、黄瓜、土豆、萝卜、茄子和番茄。另外，现在有了温室大棚和薄膜，冬天也可以种。"❶

四、本章小结

（一）滇西藏族的增收潜力

分析滇西藏族的增收潜力时，必须要明确指出是农牧收成的增加还是货币收入的增加。农牧收成的增加主要是为了满足当地社区的消费需求，如果有较多结余，当然可以出售来增加货币收入。但有两方面的问题可能会导致社区农牧方面的增收很难直接增加货币收入，一方面，是当地农产品产量低，交通又不便利，很难进入市场之中；另一方面，如果为了增加货币收入，最佳方

❶ 尹仑，薛达元，倪恒志. 气候变化及其灾害的社会性别研究：云南德钦红坡村的案例［J］. 云南师范大学学报（哲学社会科学版），2012，44（5）：65-72.

案是那些富余的劳动力外出务工，其增加货币收入的稳定性和数量都更高，而不是在现有的农牧间作系统中投入更多的劳动力，以期获得更多的经济收益。

不过，农牧收成的增加对当地社区的基本生存具有保障意义，对部分无法或不愿外出务工的藏民来说，也仍然是他们最主要的收入可能。因此，本部分将从两方面来分析农牧的增收潜力和货币的增收潜力。

1. 传统农牧业增收

根据目前滇西藏区的生态环境与人口压力的情况，通过农业或牧业增收的可能性有限。增产的可能性的确存在，但需要以增加人力、物力和财力投入为基础，对气候稳定也有一定的要求。所以，仅从增收的角度来看，并不乐观。

实际上，滇西藏区的土地资源目前并未最大化地被开发利用，因此，如果通过简单灌溉、施肥、除草等农业技术或对牛羊进行圈养，都是可以增加产量的。但是，这样的产量增加在经济收入上并不划算，因为同样的劳动力如果外出务工，可以得到更多的货币收益。

（1）利用遗传资源，种植多样的农作物品种。如果社区采用一定的农业生产机械化辅助策略，可以给予女性更多的劳动能力，这样就可以选择产量高的玉米、土豆、青稞和小麦，以保障人畜的粮食补充；可以选择抗逆性强的遗传品种，以防气候变化造成的农业灾害；还可以选择附加值高的特定作物或品种，面对市场需求进行种植和生产。

（2）利用技术优势，开展农业生产机械化。当地藏族居民普遍会驾驶机动车，这就具备了一定的农业机械操作的技术基础。只要再经过适当的培训，当地大多数青壮年可以掌握农业机械的操作，而且当地的耕地相对集中于村寨周边，对使用机械设备也十分有利。

（3）利用社区组织，共享生产设备。由于当地农业产值低，人均土地面积小，每个家庭都拥有农业器械是不现实的，而且增加生产和维护成本，降低了利用效率。故此，若是希望普及农业机械，就需要以自然村为单位，利用社区原有的互助组织，如以"姐妹会"或"箭会"作为平台，由各家购置不同的设备，然后互相交换使用。这样既可以保障全面的机械化生产，又可以减少每个家庭的农业投入，降低维护设备的成本，还可以促进社区内部的交流互动。

（4）利用牧场资源，产出高质量乳品和畜牧产品。尽管劳动力外出务工的比例有所增加，但仍有部分人员因语言、年龄、家庭情况等多种原因而留在社区，这部分人员对当地的地理、气候和牧草非常熟悉，又拥有畜牧业的相关知识，假使可以充分利用他们的劳动力和传统知识，就可以更高效地开展畜牧业活动，为家庭提供高品质的乳品和畜牧产品。

（5）利用林下资源，采集松茸增加货币收入。松茸等菌类的采集是当地人近20年来的主要货币收入来源。根据云南省国际商会松茸分会的统计，云南省2011年的松茸出口量为761吨，出口额达5738万美元。❶ 2016年，经云南出入境检验检疫局检验检疫合格出口的新鲜松茸有891.9吨，价值4736万美元。❷ 这些松茸多数来自滇西藏区，为当地藏民带来了非常可观的收入。但是，松茸的价格受国际市场影响较大。每年5月底到11月是采集松茸的最佳时期，凡是周边有松茸的社区，村民一般都会上山采集。采集的过程既需要运气，也需要相关的传统知识，有些人就知道

---

❶　云南松茸出口数量下降　出口额创历史新高［EB/OL］．（2011-12-29）．http://finace.sina.com.cn/roll/20111229/100011092632.shtml.

❷　云南检验检疫局多举措助推松茸出口高速增长［EB/OL］．（2017-01-12）．http://yn.yunnan.cn/html/2017-01/13/content_4693010.htm.

哪些地方可以更容易地发现松茸。因此，不同家庭采集松茸所获得的收入也存在很大差异，如果传统知识水平差不多，那么家庭的劳动力数量就与松茸的采集量成正比。

2. 货币增收潜力

（1）建筑业/运输业。藏族居民特有的遗传基因优势使其可以适应较高的海拔，而从事高海拔的建筑业和运输业就成为藏族居民具有优势的职业选择。滇西藏区及周边正在经历城市化的过程，最近十几年来一直在大兴土木，对修建和维护道路桥梁的劳动力的需求不断增加。藏族居民住在附近，而且可以适应高寒的地理情况，所以务工机会较多，特别是在建筑和道路铺设方面。滇西藏区的很多家庭都拥有机动车，多数是货车，这为他们合作承接一些运输项目提供了便利。经了解，一些家庭会为年轻人提供货车，而几个年轻人联合组成一个车队，就可以承接一些较大的任务。这种合作不仅有利于承接个人无法承接的量大的任务，也有利于获得更多的工作机会。

（2）旅游业。随着丽江、香格里拉、丙中洛等地旅游业的兴起，越来越多的滇西藏族居民参与到当地的旅游服务之中。女性外出作为景点的工作人员或导游、餐饮住宿的服务员，或者为游客提供娱乐的歌舞团的工作人员等，都可以获得不错的现金收入，极大地改变了女性的经济状况。男性在旅游业中最多的角色是司机。由于当地道路复杂，很多游客都会聘请当地司机作为向导和翻译。这种服务一般按日计费，价格根据车辆和路程的差异可以从 300 元到 2000 元不等。

（二）气候变化背景下的藏族社会生态系统恢复力分析

滇西藏族社区的恢复力较强，他们延续了传统的社会生态系统的基本结构，但是将系统的功能进行了调整，从保障生存优先转换为经济受益优先。在这个转换过程中，原有的藏族社会经历了很多改变，例如，狩猎消失、畜牧业减少、农业重要性降低。不过，原先的间作结构得到了保留，只是从农牧间作转换为工农结合，从作物和畜牧多样性转换为生计多样性。这些都是蕴藏在原有藏族社会生态系统之内的潜能。

之所以滇西藏族社会生态系统对气候变化、技术变革和文化变迁能够迅速地自我调整与适应，与其社会生态系统长期处于相对不稳定的气候条件和恶劣的地理条件有密切关系。目前对滇西藏族的社会生态系统恢复力的改变只能做定性分析，还无法做定量分析，期待更深入的研究可以为定量分析提供更好的资料。本书分析了3种情景：一种是比现在的气候变化更缓慢，变化程度更低，气候趋于稳定；一种是在当前的气候变化水平上，变化程度中等，极端气候时有出现，长期变化不可逆转；一种是比现在的气候变化更强烈，变化程度大且剧烈，极端气候影响广泛且时间长。

1. 低程度气候变化下的滇西藏族社会生态系统的恢复力

当气候变化缓慢、极端气候事件相对减少、环境比较稳定的时候，有利于K策略的物种生存，种群演替明显，当地植被可能由草本向灌木，再向乔木发展。由于滇西藏族社区已经转向经济收入优先导向的模式，所以从事农业和畜牧业的人数不会增加，甚至畜牧业会因老人的退出而逐步减少。由此，社会系统减少了对环境的利用，生态系统逐步得到恢复。人口分流到城镇，农村又恢复到较少人口和户数的状况，农业的管理成本和人力成本逐渐下降，现金收入主要依靠外出务工，社区很可能维持在一个低人口密度的水平上，也有可能出现空村寨。

一旦生态系统恢复较好，社会系统人口减少，整体的社会生态系统就会发生态势转变，人类对环境的干扰降低，森林和土地得到恢复。然而，气候变化在未来的一段时期内可能更加剧烈，这种情景恐怕只能是一个难以实现的愿景。

2. 中程度气候变化下的滇西藏族社会生态系统的恢复力

当气候变化加速、极端气候更频繁、环境多变的时候，有利于 R 策略的物种生存，种群演替徘徊不前，低矮的植被不能有效保持水土。在滇西藏族社区经济优先的生计模式下，一旦社会系统维持农业和畜牧业的成本增加，大量人口很可能会发生快速转移，从村寨进入城镇。然而，藏族社区的维持传统上多以自组织行为、互动互助为社区的基本义务，如果大量人口离开村寨，则这种社会活动难以收回成本，很可能被雇佣关系所取代，即村寨中一些原本通过换工和互助完成的事情现在不得不通过支付现金报酬的方式雇人来服务。那么在人口的城市化过程中，藏族社区会从文化上放弃传统知识。

因此，在中等程度的气候变化，也就是现在的气候变化水平上，滇西藏区基本上正在转向一种劳动力转移的模式。随之而来的是藏族传统文化的快速变迁，例如，在城市里举行煨桑仪式的可能性很小，原本每日的煨桑活动只有在特定的节日才可能进行。故此，在这种气候变化的处境下，当地的生态系统会缓慢恢复，但藏族社区的传统文化会快速消亡，最后很可能成为全球化背景下城市里的一种亚文化，并随着世代交替而消失。

3. 高程度气候变化下的滇西藏族社会生态系统的恢复力

极端剧烈的气候变化会造成大规模的人类社会震荡，而城市对气候变化的适应能力有限，社会的经济情况可能会恶化，那些在城市里务工的大多数藏族人员在知识和技术方面没有不可替代性，可能会难以再获得经济收入。此时，回归故土就是一种基本的应对策略。假使发生更大范围的社会动荡，滇西藏族人员很可能重回社区，再次启用农牧间作的生计模式，以确保生存的基本物质条件。这就是原有藏族社区提供的一种社会生态系统的避难所机制，也就是在外界环境严重恶化时可以进行躲避和自我保存的空间，待外界环境好转，再重新从社区逐步向外输出劳动力。

（三）藏族传统生态知识对中国及南方发展中国家的借鉴意义

通过对滇西藏族社区的发展研究可以看出，生存优先的选择策略与经济优先的选择策略下的最佳行为模式各有不同。因此，不同区域或社区在借鉴藏族社区的传统生态知识之际，需要明确学习的是生存优先的阶段，还是经济优先的阶段，或者是从生存优先过渡到经济优先的阶段。

其基本的行为模式是：在社区环境恶化时，当地藏族居民外出务工，并且产生经济—文化—社会的积累。在外界环境恶化时，外出的藏族居民返乡务农，并且对于当地的社会生态系统产生反馈作用，以从外界获得的积累作用于当地的社会生态系统。

1. 在生存优先的选择策略下

粮食生产始终放在第一位，即便在农闲或通过家庭内部劳动分工而从事畜牧业或其他副业，也只是以自身的实用需求为导向，并非面向市场。此时，选择在多个不同的区域种植不同的作物或不同的品种，以确保能够有一定的粮食收成就是一种用多样性来应对气候变化的恢复力。种植方法上不追求精益求精，以某种投入产出比为标准，在现有的人力资源情况下，寻找到一个适当的人力投入成本，确保满足家庭和社区的粮食供给才是最佳的行为策略。同时，因为藏族生活的地区海拔高、环境条件恶劣，人体需要摄入大量的肉和乳制品，所以，除粮食生产外，还需要开展畜牧业活动。如果家中有老人，畜牧业就可以开展得比较好。无论是农业还是畜牧业，一般都不进行销售和市场交换，只以自用为主，偶尔通过馈赠或宴请等方式在社区内部进行再分配。另外，由于农业通常会分为农忙和农闲，所以当地居民完全可以利用农闲时间进行狩猎、伐木、采集等活动来直接获取货币收入。这些货币收入主要用于消费，很少作为扩大再生产的资本。这就是生存优先型社会的基本模式，通俗地说，就是不要把所有的鸡蛋都放在一个篮子里。

这种生存优先型社会的基本模式可以在外界市场不成熟、交易成本过高时保证社区能够独立维持自身的运行，确保所有成员不会面临生存威胁，而且这种模式对外界的依赖极其有限，基本可以自给自足，是极端气候情况下的一种最佳行为策略。

2. 在经济优先的选择策略下

当生存保障不再受到威胁，特别是国家保障了基本生存底线，同时市场经济发达，劳动力可以成为商品进入市场时，社区就会从生存优先转换为经济优先的行为模式。这种转换有一个过渡阶段，就是社区仍然保留基本的农业生产，维持生存保障的潜力，同时将有生存保障的劳动力输出到市场之中，通过尝试来逐步实现转换。

这个转换过程多是从政府的扶贫项目开始，但社区往往不配合，无人愿做科学工作者或社会工作者千辛万苦找来的好项目，宁肯保持原来的生产方式，也不愿轻易转变。这其实是一种非常重要的自我保护模式。因为他们的传统方式起码可以确保自身的生存，而采用新方法很可能会颗粒无收或倾家荡产，这是社区无法承受的风险。因此，面对一个转型期间的社会生态系统，气候变化背景下的传统知识为社区提供的不是一种消极的应对态度，而是一种保守的应对策略。举例说明，一种新的生计模式最开始可能只有几个有技术或资金能力、生存已得到保障的家庭愿意尝试，如果在2~3年被证明有效且稳定，那么一些中等家庭或其他比较有恢复力的家庭才可能参与进来。如此往复，只有被反复证明是一种安全和稳定的收入模式后，才有可能在整个社区得到推广。

要想在这种社会生态系统中保持内在的恢复力，同时采用传统知识适应气候变化，如下几点值得中国和南方国家的其他同样处境下的社区借鉴。

（1）充分利用本土的遗传资源。本地的原有作物，特别是地方品种，通常对当地的地理条件和气候条件有较高的适应性，故此，在社会生态系统从生存优先向经济优先转换的过程中，应该逐步实现作物的替代，保存必要的本地物种或地方品种，以备不时之需。

（2）充分利用本土的传统知识。本地人对当地的地理和气候条件往往有更长期的观察和记录，并且有着丰富的应对策略。这些传统知识平常不会显露出来，只有在气候灾害发生时才会被激活。因此，在社区中尝试新的生计方式的同时，要尊重传统知识，允许不同的人用不同的方式应对气候变化，特别是对一些观念比较陈旧的老年人，要允许他们有权按照他们的意愿提出意见，并且可以按照他们的决定进行生产和生活。

（3）明智地管理自然资源。传统社区正在尝试引入新的技术、设备和相应的管理方式，但这个过程不能脱离传统文化的考量，否则很可能事与愿违。一方面，社区的自然资源管理很可能是与当地社会生态系统长期互动而产生的最明智的利用方式。另一方面，传统社区也许无法操作新的技术、设备和管理方式，或者需要假以时日才能被接受和应用。例如，滇西藏区山高坡陡、土地贫瘠，既不能引入梯田灌溉系统，造成严重的水土流失，也不能采用精耕细作，造成人力投入的得不偿失。

（4）习惯法。传统社区一般都有自身的组织形态，并采用习惯法进行管理，如水资源管理、社区内部的分工与合作模式。这种习惯法只要不危害公共利益，应予以尊重。

（5）建设性的自组织。滇西藏族社区的自然村寨中原有的自组织团体，无论是男性的"箭会"还是女性的"姐妹会"，都为社区提供了强大的应急自救机制，从而减缓了社区水平上的气候变化，逐步提高了对气候变化的适应能力。因此，维护原有社区的自组织团体是应对气候变化必要的步骤。

第五章　西南少数民族社区应对
气候变化的传统知识与建议

一、分析应对气候变化的传统知识

气候变化作为对地方社区的社会生态系统的一种干扰，必然会引发系统性的应对。不同的社会生态系统会采用自身既有的途径，尽可能在已有的框架内将新问题转化为某种可以在原有社会生态系统中识别的现象进行处理。其中，那些具有前现代社会特征的社区势必会采用其传统知识作为理解气候变化的出发点，再基于这些传统知识去试图减缓和应对气候变化。而那些更具有现代社会特征的社区也只能在现有的科学知识范围内来理解气候变化，并形成应对气候变化的策略，但很大程度上仍要依赖传统的惯性。故此，无论哪个国家或社区都会对气候变化带有某种具有地方性特征的理解和应对，即便是欧美等发达国家也会对气候变化有多种理解的可能性。时至今日，某些西方政客依然对气候变化不屑一顾，他们的行为和立场部分地反映了他们所代表的某些群体。

在中国西南的民族地区，以地方社区为单位的不同文化认同体系之中对气候变化的认识、减缓和应对都具有吉尔兹的地方性知识的意味，这在理解不同地方社区应对气候变化的社会机制时需要着力了解。因此，不能简单地把对气候变化的理解与应对按照某种进步主义默认的发展模式区分为前现代、现代和后现代。这似乎意味着解决气候变化的途径无外乎技术进步或经济发达，也就是暗指，对当前的气候变化可以睁一只眼闭一只眼，只要人类文明快速进步，地球的气候早晚有一天会像大楼内的通风系统一样，可以用按钮来调节温度、流速、湿度和成分配比。

本书认为，人类社会目前对气候变化的理解很可能仍然处在一种类似盲人摸象的认知水平上，对此进行自我反思可以使人类更努力地去总结不同的地方性经验、深化科学探索，更重要的是突破某种思维范式，发现一种认识气候变化的新局面。虽然社会生态系统的恢复力理论仍有待发展，但很可能为人类在认识气候变化及其影响上发现一个新的范式而提供某种潜力。

故此，本书期待通过社会生态系统的恢复力理论，重新审视地方社区采用传统知识应对气候变化的方式，进而可以从一个更具全面性的视野去认识气候变化及其带来的深刻影响。

（一）传统知识对气候变化的认识

1. 传统知识对气候变化认识的表现形式

相对于传统知识，现代社会使用数字和图表来描述气候变化。在天气预报中，可以用温度、湿度、风级、降雨概率等一系列数字以及云图、台风运动图等图像来标识气候，以大量数据生成的图表来表示气候变化的趋势。这是那些接受过高等教育的群体表达与接受信息的"传统"途径。而传统社区对气候的理解更多是基于现象的地方性描述。例如，"正月的麦苗盖过鸡"是说具体地方（J 村）、具体时间（农历一月）、具体物种（冬小麦）的发育程度（超过鸡的高度），这种地方性表达对于外人或是换一个时空都是没有意义的。然而，这种表达与传递信息的方式对这个社区的人来说才是恰到好处，是很实用的指标。

传统社区关注的是气候变化对社区生产和生活的影响，风调雨顺就是好的气候变化。前文所写的苗族社区不会用温度来说明一场倒春寒的低温程度，而是用土豆的绝产来表示这种气候变化对生产的负面影响；大面积旱灾导致的生活困难，更多被记忆为挑水的艰辛，而不是空气湿度或累积降雨量等数字。

2. 传统知识对气候变化认识的记录形式

气候变化作为被记录、统计和分析的科学研究对象，当然需要大量定量测量的数据。但对社区来说，那些被感受到的、影响了社区居民生计的气候变化才是需要被认识和关注的问题。

关注传统知识对气候变化的认识不能简单地只依靠一个标准的调查问卷，而是需要调查了解社区的生产和生活过程，敏感地发现那些与气候变化相关的议题，顺藤摸瓜，发现当地人对气候变化的地方性表述，并用文字记录下来。这些地方性表述既是个人对一个气候事件的概括，也常常包含了他的分析和归因。这种概括、分析和归因之间很可能就存在着某种调查人员难以逾越的鸿沟，恰好在这里发挥作用的就是当地人具有而外来者没有的传统知识。

3. 传统知识对气候变化认识的扶贫视角

这种类型的传统知识是地方性、综合性和实用性的知识、信仰和实践（《生物多样性公约》对传统知识的定义）。作为科学研究的对象，这种知识缺乏普适性，似乎没有多少价值，但如果用于当地开展具体的扶贫工作，无论是农业还是其他生计，都会比那些用数字和表格呈现出来的气候资料更有实用价值。

　　这些传统知识是在一个具体的社会生态系统内经过长期观察和总结，然后按照某种内在逻辑进行表述的，能够发现并理解这些传统知识就是进入这个社会生态系统内部的一个有效手段。因此，借助对传统知识的认识来了解具体的社会生态系统在气候变化中的潜在应对方式，可以为后续的扶贫工作奠定基础。这些传统知识在自上而下的扶贫工作中应该是被着重考虑的因素，但实际上却常常被忽略。如果能具备这些传统知识，当地人就会很快地接受扶贫信息和技术，对开展工作也有事半功倍的效果。

（二）传统知识对气候变化的减缓

1. 跨尺度的传统社区与气候变化

　　气候变化往往发生在一个比较大的尺度上，例如一个流域，而一个传统社区经常是在一个非常小的熟人社会的尺度上，从这个社会生态系统的尺度上似乎很难说明传统知识具有减缓气候变化的作用。但是，一个流域尺度的社会生态系统也是由多个小的具有社区性质的次级社会生态系统所构成的，那么，较高尺度上的气候变化就是在较小的社会生态系统中，通过聚沙成塔的累积效应而产生的，例如，城市的热岛效应就是多个城区的效果累积。故此，传统知识可以在这些次级社会生态系统中对这种气候变化进行应对来产生减缓作用。

　　在减缓气候变化的努力中，还应该注意传统社区的作用与贡献，特别需要在尊重社区传统习俗的基础上，传承那些降低生态足迹的习惯，同时寻找那些可以适用于其他社会的优良传统，进而通过交流，改变那些造成气候变化的人类行为。

2. 生态足迹与地球超载日

　　通常情况下，传统的生活方式对地球的生态足迹（生态需要面积，ecological footprint，指支持每个人生命所需的生产土地与水源面积）影响更少，现代生活方式的生态足迹已经超过了地球的承载力。地球在 20 世纪 70 年代已经进入生态赤字的状态，2000年的地球超载日是 11 月 1 日，2017 年已提前到了 8 月 2 日（地球超载日，Earth Overshoot Day，EOD，是指每年地球进入生态赤字状态的日子，即全球的生态足迹超越了地球可用的生物承载力）。

除了人口激增，现代生活方式也对地球超载日影响巨大。现代的交通方式，尤其是大量的私人汽车对石化能源的消耗巨大，污染也触目惊心。城市生活对室内温度的控制，对垃圾的生产、运输与处理，都造成了地球的生态负担。而传统社区依旧保持着传统的生活风貌，其生态足迹非常有限。例如，在滇东南哈尼族的梯田稻作社会生态系统中，虽然人口相对密集，但利用传统知识管理梯田、村庄、森林和河流，对环境几乎没有污染，反而起到了生态服务的功能。村庄的人畜粪便和生活垃圾经过堆肥形成农家肥后再返回到梯田，为农作物提供氮肥、磷肥和钾肥。森林在保护水源的同时，还为村庄提供薪柴、娱乐、休憩和建材，人类对森林的传统自然资源进行管理，保护了森林的生物多样性。河流为梯田提供灌溉用水，为村庄提供生活用水，人类通过习惯法管理水资源，确保了水可以被明智地利用。除了这些农业产出，由于梯田已经成为世界文化遗产，现在为更多的人提供了旅游、休憩和度假的服务。这种生态旅游方兴未艾，如果可以降低此过程中的交通和生活的生态足迹，就可能会形成一种新的社会生态系统良性态势。

根据乐施会的报告，地球上 1% 的人拥有 99% 的财富，相信在气候变化的影响上，同样是少数集中了大量财富的人的生态足迹超过了大多数贫穷的人。那么，如果这些少数人能够改变他们的行为，降低生态足迹，那么可能会产生更显著的效果。同时，他们还会带来某种价值取向的调整，不再以追求高消费为美，而是以环保为善。

采用更加传统的、可持续的生活方式，传统知识可能会自下而上地影响一个具体的社区的生态足迹，进而影响到社会生态系统，最终在更高的尺度上影响一个区域。

3. 传统知识对气候变化的应对

中国西南民族地区以地方传统知识来应对各社会生态系统所受到的更大尺度的气候变化影响—联结社区、更替生计、选择作物。这里必须强调的是，任何不以传统知识为基础的扶贫工作都可能遭遇较大的抵制和扭曲。

4. 传统知识在社区自组织能力上的作用

一个社区在应对气候变化造成的危机时需要动员全社区所有的力量，此时，社区内部的联结合作能力就发挥了明显的作用。一个运行良好的社会生态系统必须能够有效地动员并组织在一起应对社区面对的危机，这就对社区的自组织能力提出了挑战。

传统社区的自组织能力并非建立在法律规定的基础上，而是基于社区的习惯法，特别是基于宗教信仰和村规民约的传统知识。一方面，这些习惯法由传统知识所支持，包括民间传说、社会的公序良俗，都为实施这些习惯法提供了基本的运行条件。另一方面，这些习惯法强化了传统的力量，可以在发生危机时，用某种较低的社会交易成本进行应对。

比如云南西部藏族社区 J 村中有一条河流为当地居民提供生产和生活用水，那么如何管理有限的水资源就显得极为重要。以法律制度进行管理是不现实的，尤其是上游污染或超额用水导致的下游水污染或不足已经在很多地区引起大量的纠纷，而 J 村用一句话就解决了这个问题："在下游喝脏水的人没有疾病与堕落，在上游弄脏水的人一定会有报应。"这种管理方法在一个只有 30 户的熟人社会中是非常有效的，而且，他们还会讲几个关于报应的故事来作为证据。

5. 传统知识在生计更替上的作用

生计方式的更替伴随着城镇化、商品化以及气候变化正在西南民族地区快速地进行着，不同社群在选择替代性生计的时候会受到多方面因素的影响，其中传统知识的作用不可忽视。

在改革开放的背景下，西南民族地区同样也遭受到城市化和商品化带来的压力以及大范围气候变化的影响，但不同社区的生计更替却迥然不同，部分可归因为其传统知识的差异。受气候变化影响最为突出的是畜牧业，因为开展畜牧业通常要在无法从事农业的半干旱区域，而这些区域对气候变化也最为敏感。如果气候变得湿润，这部分土地可能会被开垦成为农田；如果气候变得干燥，则可能无法承载原有的畜牧业而发生急剧的退化。无论怎样变化，畜牧业都可能成为首当其冲被迫转型的产业，而且从事畜牧业的人员比从事农业的人员更容易外出打工。假使气温上升而无法饲养牦牛或绵羊，又没有多少外出打工的机会，那么很可能会用黄牛、犏牛替代牦牛，用山羊替代绵羊。这些物种及饲养的知识作为一种替代方案一直长期存在于社会生态系统之内，以备不时之需。

在应对气候变化时，西南民族地区农业的迭代也在不同程度上受到传统知识的影响。该区域内的大多数民族都采用多重的农业操作模式，例如，既有精耕细作的水田，也有粗放管理的旱地，还有刀耕火种的畲田，再以家禽或牲畜的散养、放养和圈养进行补充。气候发生改变时，这些多样化的农业形态会进行某种动态调整，以适应不同的气候条件，特别是气候不稳定时会更多采用多样化的生产方式来规避气候风险。例如，苗族将土豆和玉米进行套种，并增加部分瓜类和豆类，不但提供了生活所需的碳水化合物，还保障了蔬菜和蛋白质的供应。另外，由于作物的生长周期不同和对极端气候事件的敏感度不同，这种种植方式保证了总有一些作物可以为社区提供必要的食物，避免了严重的饥馑，但反过来却不利于机械化管理和商品化销售，因此常被扶贫项目所忽视甚或否定。

采集业一般被分为传统采集业和商品采集业。传统采集业原本是生计的必要补充，现在已经具有一定的娱乐功能，是社区在不同季节进行的一项活动。商品采集业如茶叶、松茸、虫草等，常作为社区主要的生计来源，替代了农业的支柱性经济功能。而管理茶叶、采集松茸和虫草就需要用到当地的传统知识。

故此，在应对气候贫困时，必须要考虑到传统知识的情况。在生计更替过程中，那些与传统知识最契合的策略最容易被当地人所接受和发展，那些与传统知识最疏远的也最难被采纳。

6. 传统知识在作物选择上的作用

传统社区所拥有的丰富地方性遗传资源正在快速消失，主要是因为外来品种在逐步替代本地品种。外来品种产量高、适合机械化生产、对除草剂和农药化肥有更好的适应性，而本地品种产量低、农艺性状不稳定。而且，现在的农业生产有很大程度是作为商品的一部分。故此，传统品种由于没有大规模生产加工的潜力而被淘汰。但是，传统品种普遍是已适应当地自然条件和气候变化的遗传资源，例如，那些在当地种植了多年的选育品种对干旱、低温、日照等气候条件更有适应能力，外来品种在风调雨顺的情况下更可能高产。不过，对社区最重要的是在气候条件恶劣的情况下，仍然有足够的食物供应。那么，那些具有气候变化适应力的传统品种就是社区的救命粮。

社区在传统品种的选育、栽培、加工和保存方面拥有丰富的传统知识，目前仍然得以保留的传统品种也多是因为具有某种传统文化的需求。这些传统品种的遗传多样性是全球粮食安全的保障，需要社区进行就地保护。从表面的货币产出计量，社区进行的多样化作物种植很可能效益较差，但这种多样化种植具有较好的抵御风险的能力。尽管这部分产品不进入市场，无法统计其实际贡献，但这些粮食对于社区的生存保障至关重要，是社区在经受气候危机后，其恢复力的重要来源。

二、社区恢复力与脱贫

在气候贫困问题上，社区恢复力通常体现为应对气候干扰的抵御能力以及气候灾害后的恢复过程中的建设能力。

（一）贫困对社区恢复力的影响

贫困可能会降低社区的恢复力。贫穷意味着社区缺乏必要的资金、社会资本、技术和知识，有可能造成一种正反馈的恶性循环，进一步强化贫困，从而驱逐资金、资本、技术人员等有利于社区恢复的因素离开社区。这种具有正反馈性质的状况往往发生在社区已经处于系统崩溃的情景，可以认为已经错过了最佳的社区建设或重组的时机。不过仍然可以通过深入分析来找到核心变量，从而终止这种正反馈，推动社区进入良性的负反馈阶段。

贫困也可能增加社区的恢复力。一个理想的高恢复力社区势必有周期性的中等干扰以及相对持续的贫困人口。对任何一个家庭来说，遭遇到意外导致的贫困都需要邻里互助，那么他们投入社区的建设和互助之中的意愿也会更强烈。一个社区有需要救助的贫困人口可以使其保持救助的传统和能力，一个长期远离贫困的社区可能失去自组织能力，在应对气候灾难的时候也没有现成的组织可以利用。

（二）社区恢复力对脱贫的影响

虽然贫困对社区恢复力的影响视具体情况而定，但社区的恢复力对脱贫的作用毋庸置疑。良好的社区恢复力有助于社区脱贫，也可以防范社区返贫。

（三）社区恢复力对脱贫的贡献

脱贫是一个普遍的诉求，是社会生态系统恢复力理论中的理想状态（desired state）。一个贫穷社区的脱贫过程就是在自身的社会生态系统中积累更多的社会资本、经济资本和生态资本，从而实现某种更强的应对危机的能力，包括对气候变化的抵御能力。良好的社区可以有效并有机地积累这些资本，增强社会生态系统的恢复力。一个社区在脱贫时，就是从社会生态系统的一种匮乏状态转化为一个富含社会资本、经济资本和生态资本的新状态，换言之，这也是一个社会生态系统增加恢复力的过程。

值得注意的是，增加经济收入在这个过程中只是一个组成部分，而非全部。如果以牺牲社会资本或生态资本为代价来获得经济收入，不仅不能增加社会生态系统的恢复力，反而成为一种消耗。因此，从社会生态系统恢复力的角度来评估脱贫项目将会实现更健康、更可持续的社区增长；反之，可能在短期内增加了货币收入，却掩盖了以消耗生态资本和社会资本为代价的事实。

（四）社区恢复力对返贫的防范

当一个社会生态系统进入一个比较健康的态势时，就会有较强的抵御能力应对气候变化或其他干扰，而返贫是一个非理想状态（undesired state），所以社会生态系统会尽可能维持其健康，避免滑向贫穷。举例来说，道路对一个偏远社区具有特别重要的作用，可以增加人员、信息、物质的流动，形成与外界的低成本输入与输出。如果气候变化导致的泥石流或滑坡冲毁了道路，那么一个具有较强恢复力的社区会自发组织起来，尽快修好道路并重建家园；而一个恢复力薄弱的社区则很可能没有组织能力或资金来修路，由此导致该地区长期无法通车，进而陷入更深的贫困。

同时，恢复力意味着社区具备有效的领导与管理，一旦社区内部出现贫困现象，能够通过临时性措施，帮扶受难者。在恢复力较高的社会生态系统中，由于个人原因造成的贫困，如懒惰，通过勤劳即可改变自身状态，那么这个贫困可以被视为是暂时的、容易接受的、不容易引发冲突和社会动荡的。

三、政府、社区、非政府组织与研究机构的合作

毋庸讳言，目前扶贫的目标更多集中在地区经济收入的上升和地方税收的增加。如何实现社会、经济和生态的协同健康才是需要进一步努力的方向，这需要地方政府、民族社区、发展非政府组织（NGO）和环保 NGO 与从事相关研究的科研机构通力合作。值得注意的是，这些当事方都必须在一个可以自我矫正、不断学习的适应性管理体系中进行多重博弈，进而在一个认可的目标下逐步开展工作。

（一）政府主导

政府在现有的扶贫工作中仍然发挥着主导作用，通过精准扶

贫等一系列措施，在西南片区开展了大量的扶贫工作。很多政府的扶贫工作可圈可点，带动了地方经济，让贫困地区的人民充满了努力的激情，干劲十足。然而，这种扶贫效果和投入经常不成正比。我国政府早已注意到这一现实情况，因此提出了精准扶贫的概念，打破了过去扶贫一锅端、一窝蜂、一阵风的特点，更有针对性地开展了深入的扶贫攻坚战。

西南民族地区的贫困往往具有历史和地方的原因，无视这些历史和现实，扶贫项目只会事倍功半，甚至事与愿违。目前，政府主导的扶贫工作以精准扶贫为抓手，实现了逐案处理的工作方式，也给予了更多的参与空间。社区、发展 NGO、环保 NGO 和科研团队都可以介入这样的扶贫工作之中并提出意见和建议，通过广泛征询意见，将会为贫困社区的转型提供机遇。

（二）社区作为主体

社区既是扶贫的对象，也是扶贫的参与者，在扶贫工作中不应该是被动的角色，而应该努力扮演主体角色。假如一项扶贫工作没有改变一个区域的社会生态系统，只是通过大量输血，造成一种外表良好的状态，一旦扶贫工作结束，社区失去了外界的支撑，很快就会恢复到过去的贫困状态。故此，扶贫工作的重点不是简单地增加社区居民的收入或地方政府的税收，而是将贫困的社会生态系统转换为一个富有的社会生态系统。社区必须意识到自身在扶贫工作中应该具有的主体资格。

与此同时，社区不是一个被严格控制了条件的实验室，不可能通过确定的输入就会产生无疑的输出。因此，正确地理解社区是一个社会生态系统，把生态贫困和气候贫困纳入社区扶贫工作之中，才能开展有效的扶贫工作。

（三）NGO 的角色

在扶贫工作中，固然政府是主导，社区为主体，但政府不可能事无巨细地大包大揽，社区也不能完全依靠自身的能力来实现社会生态系统的转换。此时，发展 NGO 和环保 NGO 就可以扮演合作者和建议者的角色。

这些 NGO 由于长期从事某一方面的工作，因此具有特定的专业能力和项目经验，可以作为与外界的桥梁，将国内外有用的信息及时有效地传递给社区。而且，这些 NGO 不仅可以服务社区，也可以服务当地政府，为政府的精准扶贫献计献策。

（四）科研与设计团队

由于不同社区的历史、地理、自然和人文存在着巨大的差异，故此，没有想当然的一套放之四海而皆准的方式，这就要求每个扶贫项目都需要进行相关的社会生态系统分析。通过分析可以找出社区贫困的原因，再因势利导、因地制宜、因人而异、因时而变地设计出具有针对性的扶贫计划与脱贫指标。这时，一个科学与设计团队的介入就势在必行。科学团队通过对社会生态系统的系统分析，把问题呈现给设计人员，设计人员再基于这些背景进行初步设计，并在社区层面进行预调研。几轮反馈之后即有可能寻找到一个适合当地可持续发展的扶贫计划。

四、政策建议

（一）在气候问题上，增加气候贫困议题

气候变化不仅是一个全球重要议题、学者的研究对象，更

是地方社区每时每刻都面临的具体事实。因此，在气候问题上增加社区视角，讨论气候贫困及其应对，应该成为气候问题未来的一个重点议题。

2013 年，中国出台了《国家气候变化适应战略》，成为应对气候变化的顶层设计。但是在这个战略中，特困农村地区没有得到足够的关照，也没有从恢复力的角度进行考虑。可见，目前仍缺乏对气候变化影响地方社区致贫、返贫等问题的关注。由此，可以从 4 个层面就气候贫困议题展开讨论。第一，在学术研究领域增加气候贫困问题的研究，为气候贫困议题的讨论提供必要的理论与数据。第二，在社区层面增加对气候贫困的重视，为气候贫困议题提供充分的案例与证据。第三，在政策领域，通过上述两方面的论证，增加政府对气候贫困的关注，为气候贫困议题的解决提供政策工具。第四，在公众层面，增加公众对气候贫困的认识，为气候贫困议题的讨论提供参与基础。

（二）在扶贫工作中，重视气候贫困现象

由于气候贫困仍然是一个新议题，以致在扶贫相关的学术研究里分析出的致贫和返贫原因中，气候原因被简单归类到自然灾害范畴。韩林芝等（2009）的研究表明，对贫困程度贡献最主要的因子包括：自然灾害、人均水资源、耕地面积、农业机械化、农村义务教育和财政支农。同样，由于气候变化经常发生在扶贫区域之外的更大尺度范围内，所以气候变化在扶贫工作中只被视为一个自然背景，而不是一个需要面对的致贫因素。这些都导致扶贫工作无视或忽视气候变化，出现千辛万苦刚脱贫，一次气候异常又返贫的现象。当前大力开展的精准扶贫中的部分项目缺乏对气候变化的认识，对极端气候导致的返贫也考虑不周，采用产业模式而忽视社区的传统生计，受到市场波动的影响较大。

贫困农村环境恶劣、气候异常、生态敏感、收入较低、健康恶化，这些都可能降低社区的恢复力，减少对气候变化的适应能力，其中部分社区因地理位置偏僻、交通和信息闭塞，不易及时调整和适应气候变化的影响。贫困社区一种消极的应对思路就是单纯依靠政府，面临较大的气候灾难时自暴自弃。因此，需要为社区提供更具体的应对案例用以学习和交流，增加社区应对气候变化的适应性，从而提升恢复力，保护社会生态系统的可持续性。

在制订扶贫工作计划时，可以聘请气候变化领域的学者和社会生态系统可持续性研究的科学家，形成多学科合作的局面，充分认识到气候贫困的成因，并根据社会生态系统的具体情况，制定出具有适应性的脱贫工作方针。

（三）在评估扶贫成效时，考虑社会生态系统对气候贫困的恢复力

扶贫项目往往限时限量，这就潜藏地存在一个问题——一个短期成功的项目很可能不可持续，或者后续发展与早期发展背道而驰。例如，在喀斯特地貌上进行灌溉农业，极有可能在短期内增加产量，但长此以往，反而会加剧水土流失或石漠化发展，可是，项目如果在两年内进行评估和审核是无法发现这种后果的。因此，扶贫工作需要具有长远的眼光，对项目的评估应该有长期的机制。当然，鉴于项目管理等原因，还需要在扶贫项目评估过程中有可行的、衡量可持续发展的指标。因此，在评估扶贫成效的时候可以从社会生态系统恢复力的视角去衡量社区对气候贫困的抵御能力或是从气候贫困中转化出来的能力，可以为扶贫社区的未来工作提出重点，指出威胁社区可持续发展的隐患。

后　记

　　本书部分工作由香港乐施会资助，采用历史气候数据分析、走访调研、调查问卷、文献研究成果引证等方法，从不同的视角，系统地揭示了气候变化在云贵高原产生的气候灾难、气候贫困之间的关系，分析了贫困与气候变化的相互作用及其规律。通过研究不同区域具体的气候变化影响、导致返贫或致贫的原因以及脱贫工作中遇到的困难，再根据不同的情况，从不同层面进一步提出了不同的发展规划、具有针对性的扶贫开发对策和措施。